ちくま新書

飯舘村からの挑戦

——自然との共生をめざして

田尾陽一
Tao Yoichi

1540

飯舘村からの挑戦——自然との共生をめざして【目次】

まえがき——福島での一〇年間を振り返って

†現代は真の文明社会か?

今から一〇〇年ほど前、田中正造は「真の文明は山を荒さず、川を荒さず、村を破らず、人を殺さざるべし」と述べた。

しかし二〇一一年三月一一日の東京電力福島第一原子力発電所事故は、「山を荒らし、川を荒らし、村を破り、避難の過程で結果的に人を殺してしまった」と言える。この事実は揺らぎようがない。つまり田中翁から見て、現代は真の文明社会ではないのである。ましてこの事故の責任を取る人がいないのだから、倫理的にも欠陥を持つ社会だと言えよう。

では私たちはどうすればよいのだろうか。

福島第一原子力発電所事故の直接的責任は、日本政府と東京電力にあることは自明だろう。しかし彼らは責任を感じていないのだから、事故後の地域再生に本当の責任を持とうとしないことは自明である。せいぜい事故の被害者に不十分な見舞金を出し、他人事として今後も同情の気持ちを表すことでお茶を濁し続けるだろう。「さきの戦争」の国内・アジア各国への処理と大変よく似ている。この国の文明のレベルはこの程度かと嘆いてみたり、そんなもんだとニヒルになったりして、私たちは日常に戻っていく。しかし、多くの人は何かおかしいという気持ちを沈殿させながら日常生活を送っているように思う。

†福島・飯舘村へ

私自身は、祖父母の住む広島市郊外に疎開した四歳の夏、原爆の光を爆心地から九キロの地点で見た。大学院時代は高エネルギー物理学を専攻し、「原発は絶対安全だ」と断言した原子力工学の教授に強く反発した記憶がある。そして、いろいろな仕事を経験した後、ベンチャー企業を立ち上げ、インターネット時代前夜のコミュニケーションシステム、インターネットセキュリティシステムの開発運用事業などに携わり、二〇〇六年に退職して日々を過ごしていた。

そこへ、福島第一原発事故が起きた。広島と福島は、何かつながっているように感じた私は、NPO法人「ふくしま再生の会」を立ち上げ、その後に福島県飯舘村に移り住んでいる。本会では、村内の放射線量分布マップの作成や、山林に入って放射能汚染の調査など多彩な活動を行ってきた。それは、「被害地の放射能量はどうなっているのか、自然環境・生活環境破壊はどうなっているのか」という疑問から始まったものだ。国や専門家が放射能汚染の正確なデータを示さない。では自分たちでやるしかない。技術者や研究者を集め、いまや会員数はおよそ三〇〇人になっている。

本書は、ここ一〇年間自発的に、原発被害地域再生の試みに取り組み、住民目線で考え続けている私と仲間たちの記録である。

私は「福島原発事故に向き合って一〇年」をまとめようと、ここ二年ぐらい、ときどき机やパソコンに向かってきた。毎日いろんな人と会い話し活動を続けている人間が記録を残すには、どんな形がありうるのか、その日常の感覚・考えていること・協働し影響し合っている人々の生活感覚・皮膚感覚のようなものを、どう表現すればよいのか。これはいくら考えても解はないというのが結論である。

そこで、私が毎日の活動や打ち合わせのために書いてきた各種の文章や、写真・動画や講演録を集大成し、自己流の編集を行うことにした。私は、パソコンとインターネットを使って、各種の情報を自分流に記録している。そのデータ（文章・写真・膨大な動画など）を使って、私の視点から見た福島原発事故の姿を整理し、特に避難指示の出た地域の被害者の姿、協働するふくしま再生の会関係者の姿を描き出そうと努力してみた。

†福島で自然と人間の共生を取り戻す

二〇一一年六月に私たちがつくった「ふくしま再生の会」は、とにかく「現地に行ってみよう、そこで考えよう」という人たちの集まりである。この会の活動指針を「現地で、協働して、継続して、事実を基にして」としているのも、そのためである。本会は、政治イデオロギーや特定宗教とは無関係である。右や左、リベラルや保守などの対立軸は二〇世紀のものであり、二一世紀ではとっくになくなっていると私は思う。あるとしたら何が思考の軸なのかを、社会が模索している状況ではないだろうか。

私は、自然と人間の関係をどう考えるかで、その人の思考のあり方が見える気がしている。人間は自然の一部であり、自然に内包されている存在であり、自然と共生している関係にあると私は考えている。他方、人間は自然をコントロールできるのだと単純に思い込んでいる人がいる。自然界の中で人間が動植物などより優れている、動植物やウイルスは利用か撲滅の対象であると思う人、人間は科学技術の発展で宇宙の支配者になれると思い込んでいる人、子供たちに宇宙征服の夢を語るおめでたい科学技術専門家なども自然コントロール派につながっている。もしかすると、これが二一世紀の対立軸なのかもしれない。

「ふくしま再生の会」と名づけてしまった時から、私は福島の再生とは何かを考え続けてきた。

その再生は可能なのか？　何を再び生むのか？　新しい建物を作ったり、放射能の除染を行ったりすれば再生になるのか？　壊された生活やコミュニティを再生することは可能か？　傷ついた人の気持ちをどう再生するのか？　その思考の中で、「再生」とは「福島で自然と人間の共生を取り戻す」ことだという確信が、私の中で日々強まっている。

安倍晋三前首相は二〇一三年、世界に向かって「福島はアンダーコントロールにある」と発言した。彼は、経済政策の失敗を覆い隠し、福島の復興を誇示したいために、オリンピックを誘致し福島を利用しているのかもしれない。事故修復の進み具合を楽観的に示したかったのかもしれない。しかしこれは、自然を安易にコントロールできると彼が考えている表れである。「自然と人間の共生を取り戻す」と考えている人間には、決して言えない言葉なのだ。

二〇一一年三月一一日の東日本大震災直後、私は地球の薄皮の表層にへばりつく日本列島が自然の力に翻弄されていることを実感した。そこに住み続けるには、日本列島のあちこちにそれぞれふさわしい自然条件を見つけて、分散して自然と共存することが安心・安全だと考えてきた。「多極分散型国土」とか「地方分権ネットワーク社会」とか過去にむなしい言葉だけがあったが、この巨大地震を経験し、今こそ安心・安全のためにもその方向に向かう機運が生まれるだろうと期待した。

ところが、そのようなことは全く話題にもならなかった。ほとんどの政治家・官僚・メディア・知識人が中央集中志向にとらわれており、東京集中政策を支持し、それこそが経済成長を取り戻す唯一の道だと言わんばかりである。野党は中央集権体制を前提に政治権力を取りたいと希望している。要するに、大震災から教訓を何も得ていないということだ。国税を使い、被災地にひたすらコンクリートのモニュメントをつくり、復興のシンボルと称しているだけである。今日のコロナウイルス大騒動も、都市中心の一極集中政策の破綻を露呈している。

†本書の意図と構成

近年、「地域と人間のつながりを取り戻す」と主張するアートディレクターの北川フラムさんと出会った。彼は、アートを「自然と人間の関係性を表現する技術」と定義している。私は、ひょっとしたら現代アートも「自然と人間の共生を取り戻す」課題に取り組むことができる領域の一つなのかも知れないと思いだしている。大都市に美術館・博物館という箱物をつくり続けるよりも、豊かな自然の中で人間の営みを表現するほうが、よほどアートらしい。私たち農民・ボランティア・研究者のNPO現地活動も、原発被害地の再生のために、自然と人間が共生する知恵や技術を探しているのだから。

本書は、二〇一一年の原発事故以来の私と仲間の活動と思考のあり方をまとめたものである。再生の道のり半ばの現在まで、ともに歩んだ人々の記録を残そうとしたものである。

第一章では、私が暮らす飯舘村の日常生活を紹介したい。自然のみならず歴史、遺跡とともにあった暮らしと、そこでの人々との出会いと、死による別れを描きたい。

第二章では、福島原発事故に際して、福島に向かうまでのさまよいの時期を記述する。

第三章では、飯舘村に入り、菅野（かんの）宗夫・千恵子夫妻と出会い、ふくしま再生の会を創設するまでの過程をなぞっていく。

第四章では、二〇一一年半ばから二〇一二年初頭までの、放射線量測定や除染などの試行錯誤の時期の行動を跡づける。

第五章においては、ふくしま再生の会が取り組んできた四つの課題、①環境放射線測定、②放射能測定、③農業・林業・畜産業の再生、④生活・コミュニティの再生を細かく見ていきたい。

第六章は、我々が取り組んできた、福島第一原発事故に関心を持つ日本全国の人々と、世界のさまざまな国の人々をつなぐ活動を紹介する。

第七章では、過疎化する山村に放射能というダブルパンチが襲った飯舘村、そのコミュニティ再生の試みとそこに現代アートの可能性を探っている様子を紹介する。

最後に終章で、自然と人間が共生する未来の社会のモデルとして、飯舘村を再生する意味について考えてみたい。そして若者の力、阿武隈街道開通プロジェクトなどがどんな力を発揮できるか、その試みを記す。

本書を手にした方々に、現地に足を運んで、ともに考え、豊かな自然の中で試みている再生の活動に参加してもらいたいと切に願っている。私たちは、飯舘村が原発事故前から「までいな村づくり、日本一美しい村の一つ」と宣言していたと聞いて、この村は「自然と人間の共生で食料やエネルギーを生産し、都市と農村の交流により活性化した村をつくり、高齢者が安心して暮らせる村をつくる」ことを目指していたのだなと私は解釈している。

人間は弱い。この村づくりの原点が守られているのか、その原点までも破壊されてしまったのか、現地で頑張る草の根の住民たちと接して確認していただきたい。大げさに言えば、この地球というかけがえのない惑星の表層で、原発事故やコロナウイルスに翻弄され混乱を極めている自然と人間の共生のあり方について、ともに考えてくださることを期待している。

第一章　飯舘村の日常生活

†豊かな毎日

私が避難指示解除後すぐに移り住んだ飯舘村がどんなところかを、まず紹介したい。

今日は小春日和、新築した縦ログハウスの我が家から前庭に出て、西側の自分でつくった丸太の急階段を上り、支尾根に出て村境の主尾根に向かう。道はないので、自分で木の枝に付けた赤いビニールテープを目印に登る。木漏れ日が温かい冬の山は、落ち葉が深く積もって靴底の感触が気持ち良い。

眼下に、茶色い我が家と佐須集落の公民館が見える。隣にあった明治九年開校の佐須小学校は、私も属している老人クラブの保存希望を無視して、二〇一九年末に壊されてしまった。我が家の東隣には、老人クラブ会長の永徳・和子夫妻の家があり、その先には榮子さん、道の向こうに芳子さん、金男さん、清さん、尾根の反対側にトシ子さん、謹一さんが住む。みんな八〇歳を超えた仲の良い老人クラブメンバーだ。私の家も、近所の人たちがどんどん持ってきてくれる野菜や凍み餅や漬物であふれている。都会では味わえない人情と新鮮な食べ物で、私は豊かな毎日を送っている。私の書斎から見える前の山は、朝から夕方にかけて次第に色を変えていく。風が強いと山を覆う木々が波のようにうねる。新緑から紅葉、そして冬枯れと四季の変化が美しい。絶えず変化する空と雲を背景に、山の稜線が一際きれいに見える。この稜線を壊す東京向けの五〇万ボルト送電線新設の騒ぎにまきこまれながら、山は放射能を腐葉土層に主に残したまま、半減期三〇年の時間を刻んでいる。

我が家は二台の車を持っている。一人に一台ないと自由な動きができない。村の中には一軒のコンビニしかない。そこまで車で一五分はかかる。郵便ポストもそこにしかない。買い物や外食も、都会暮らしの何分の一になっただろうか。それでも取り立てて不便だと思わない。必要のないことはしなければよい。

庭には、時にサルの群れがやってくる。油断をすれば栽培した野菜などは全部なくなってしまう。イノシシも主に暗くなってから徘徊し土を掘っていく。お隣の山際には時々カモシカがのっそりと現れる。丘の向こうの謹一さんは、八〇代後半だが元気で毎朝私の家の前を通って散歩している。隣の老人クラブ会長の永徳さんもジーパン姿がよく似合うダンディーな人で、畑の向こうから歩いてくると若者ではないかと見間違うほどだ。奥さんも野菜畑で働くときの身のこなしは七〇代とはとても見えない。

✝薪ストーブとミツバチ

佐須の高台に建てた私の家は、スギの間伐材を組み合わせた「縦ログ構法」でつくられている。原発事故後、福島県庁はログ材でつくる仮設住宅を推進した。仮設住宅が空き始めると解体移築する話が持ち上がった。私は南会津の芳賀沼製作をインターネットで調べ、訪ねていった。そこで社長の芳賀沼伸さんと意気投合して我が家もお願いしたわけだ。我が家の斜め下に二〇一九年、佐須の地域活性化協議会の一員としてふくしま再生の会が故清水韶光遺贈金と寄付金で作った宿泊施設「風と土の家」は、仮設住宅を解体移築し再デザインした芳賀沼製作とはりゅうウッドスタジオの秀作である。

我が家は、全体を薪ストーブで暖めている。ここの冬の寒さは格別だが、薪ストーブは快適だ。しかし、難題がある。薪の調達が飯舘村ではできないのだ。森林は放射能があるので、森林労働もできないし、薪として燃やしてはいけないことになっている。我が家は、隣の宮城県丸森町筆甫の目黒忠七さんに頼んで分けてもらい、私がトラックで取りに行っている。いつか飯舘村の森林材を燃料や建材やシイタケ原木として活用できるように、私たちは試行錯誤を繰り返している。

二〇一九年初夏のある日、うちの井戸を掘ってくれた大槻重機の若社長、大槻卓也さんが隣町月舘(つきだて)の養蜂家を連れてきた。月舘は蜜を集める花がそろそろ終わってしまう、標高の高い飯舘村ならまだ花があるだろう、そこに巣箱を置かせてもらいたいという。

そこで私は、二キロ先の阿部勝男さんのところに連れていった。この集落では放射能と除染で手がつかない田畑に、せめてヒマワリを植えて景観を保とうとしている人が多いのだが、勝男さんはヒマワリと草刈りの名人だ。勝男さんは二つ返事で了解してくれて、彼のヒマワリ畑のそばに二〇箱のミツバチの巣が置かれることになった。

その後、心ないいたずらか、ミツバチの箱に殺虫剤を撒かれてしまい全部を移動することになった。隣の集落の長谷川健一さんがソバを二〇町歩も蒔くので、初秋から白い花が一面に咲くだろうと言っていたことを思い出し、すぐ了解をもらい、そこにミツバチの箱を移動することになった。これも、二〇一九年秋のすさまじい台風によりソバ畑がなぎ倒されてしまったが、どんなに困難が起こっても、ここの人たちは黙々と次の対策を立てていく。

†草野館址

私の住む飯舘村北部にある佐須から、南東部にある小宮まで県道三一号を行くと、途中で県道一二号線を横切る。その少し手前を右折すると古い街の風情がある道があり、そこから西を見ると小高い緑に覆われた高台が目に入る。旧草野小学校のあった場所で、校庭の端にはかつて体育館が残されていたが、先日行ってみたら跡形もなかった。

村の依頼で環境省が解体したのだろう。山裾には、綿津見神社の宮司多田宏さんが記した碑文がある。ここが戦国の兵の夢の址、草野舘址であり、今は荒れ果てているが草野舘山公園となっている。碑文によると、文明年間（一四六九～一四八六）に相馬出羽守高胤公が増尾阿波守貞清を草野城代とし、以来増尾氏は草野氏と称し、七十余年間三代にわたってこの地を支配した。その後変遷し、元和六年（一六二〇）、熊川左衛門長春が草野城代となった。天正一七年（一五八九）の伊達勢との戦いは特に激しかったとある。

公園から二〇メートルほど登ると、木造の八坂神社とその隣に馬頭観音と記されている大きな石がある。そこから見渡すと、佐須へ抜ける道沿いに曹洞宗寺院、綿津見神社、西の丘の上に草野小学校が見える。この小学校、幼稚園も廃校になってしまったが、現在地域おこし協力隊の松本奈々さんたちがアートインレジデンスなどへ改造を試みている。もう一段登ると、天守閣跡のような地形となっているが樹木に覆われてよくわからない。南には菊池製作所が見える。ここは、工場内の放射線量が低いという情報で、雇用確保のため原発事故後も操業を止めなかった飯舘村出身の菊池功さんが社長である。

†真野川の幻の水力発電所

二〇一五年七月二五日に私と若林一平さんは、飯舘村に残されているとかねて聞いていた古い水力発電所跡を探検に出かけた。佐須前乗（まえのり）から大倉へと真野川渓谷を下っていった。途中の真新しい堰堤橋（えんていはし）で車を停めて、左へ旧道を探索した後、引き返して左岸の踏み後をたどって川岸まで下り、川沿いに橋げたの下まで歩いた。そこの河原にはコンクリートたたきの真ん中に、太さ一メートルぐらいのコンクリートの管が斜めに横たわり先端は川に向かって沈んでいた。これが水力発電所の配水管だと考えられる。なぜ川の水の中に管が沈んでいるのか。

私たちは、河原から五〇メートルほど上部を通る橋げたに向かって崖を一直線に登り、帰ろうと試みた。すると崖の途中のくぼみに水平にトンネルがあるのを偶然見つけた。トンネルをのぞき込むと五〇〜六〇メートル先に出口の明かりが見える。顔を見合わせた私たちは、すぐにトンネルに入って身をかがめながら進んでいった。出口は半分土砂に埋まり、這いずって出た。そこは急な斜面になっており左に下ると、取水口のコンクリート護岸に達する。このトンネルは、発電所の取水口にたまる上流からの樹枝や落葉を取り除くメンテナンス用なのだとわかった。

トンネルを引き返し、崖を登って駐車した場所に戻った。そこでよく考えた。取水口から川面まで水が落下するなら川べりに発電所跡がなければならない。しかし先ほどの水管は川を横断するように沈んでいた。川を斜めに横切っている橋の向こう側を見ると、左斜面に道路がつくられている。それならばと橋をわたり、道の左側の藪を分けて降りてみた。そこには道路に平行に古い水路があった。なるほど、川を横切る水管は、サイフォンの原理でこの反対側の崖の上まで水を押し上げて、細い水路でさらに流れ下っている。これをたどると道路でさえぎられている。

今度は道路の反対側の崖をよじ登ると、そこには先ほどの水路の続きがあった。藪を分けてこれをたどっていくと、ついに水路は直角に左に曲がり、そこから急峻な崖を一気に下っていた。水路の脇の崖を慎重に下ると、あった！　水路の真下にコンクリートの土台があり、発電機を置く小屋があったと考えられる。その先は川になり、これが本流にすぐ下で合流している。

文献によると、昭和八年頃に在の菅野庄太という人物が、この発電所をつくることに奔走し実現した。これが飯舘村から玉野あたりまで、初めて電灯をともしたと伝えられている。なお、山津見神社の参道の先にも小さな水力発電所跡があり、当時の神社の明かりをこれで灯していたと聞く。

†集落にある遺跡をめぐる

村の歴史家佐藤俊雄さん、綿津見神社禰宜(ねぎ)多田仁彦(きみひこ)さんと佐須峠の北側尾根で相馬藩の石碑、妙見尊を見つけた。傍に囲と刻印された石が寄り添っている。ここから村境の尾根の土塁を辿ると彦四郎山の鐘撞場跡に達する。霊山(りょうぜん)の頂上から彦四郎山そして木戸木川上部へ三カ所の鐘撞場跡があり、三カ所は直線上にある。相馬藩の緊急時の信号を送る仕組みなのかもしれない。飯舘村の歴史文化に造詣が深いお二人と再発見を喜んだ。片栗粉を石に塗って刻字を浮かび上がらせて記録するという手法も学んだ。

相馬藩の石碑、妙見尊

以上に見てきたように、戦国時代の城址からそこに建てられた学校の旧校舎、近代化遺産まで、飯舘村には多くのものが遺されていた。そうした、人間が生きてきた証を抹殺しかねない事故が突然起こったのである。

†村の日常生活を破壊した原発事故

二〇一一年三月、山の向こうから目に見えない放射能が押し寄せて、雪とともに地上に落ちてきた。セシウム134・137の放出量で言えば、15×10^{15}ベクレルにもなるだろう。現在では、窓から見える私の畑や近所の畑や庭は、環境省の除染で放射線量はかなり下がっている。だが、その向こうの手つかずの山には膨大な放射能が残されている。きれいな里山の外見は何の変化もない。手持ちの線量計を持って歩けば、きちんと数字で把握できる放射線量だが、知らなければ何も感じないし見えない光の一種であるガンマ線なのだ。

私たちが飯舘村に初めて入った二〇一一年六月は、原発事故で村民の日常生活の破壊が始まってから三カ月後だった。この村では地震・津波による破壊はほとんどなく、浜のほうから上がってきた私には、のどかな里山の風景が展開する平穏な村としか見えなかった。人の姿も見えない静かな田園だった。飯舘村佐須行政区の菅野宗夫さんに会い、その体験を聞くうちに私の頭の中に、原発事故と農村生活の破壊という想像を超えた何かが迫ってくる感じがした。きれいな景色と放射線とが、頭の中で妙にぐるぐる回り、現実を確認できないような感覚だ。私のような広島原爆経験と物理学研究の経験を持つ人間にも、何が起こりこれからどうなるかは見当もつかない。恐怖や怒りの感覚は人によってさまざまだが、個々の村民がどんな感覚を持って生活を送っているのか、今後どんな風に考えるのか全く想像すらできないのである。

以来一〇年間、私なりに村民のいろんな人と出会い話し、一緒に活動などをしてきた。個々の場面ごとに人々の感覚を想像するしかないが、それでも徐々にわかる感じになってきている。

†山津見神社の焼失

二〇一三年三月三一日、午後から飯坂温泉のホテルで、各地に避難中の飯舘村佐須地区の村民が久しぶりに集まり、佐須地区村民総会が開かれた。ふくしま再生の会は三名の講師を出し、私たちの活動で得た飯舘村の現状を科学的な計測と実験事実を元に説明し、大きな反響を得た。私は、霊山町山戸田で主催していた被災者への健康・医療・介護支援の集まりを終えてから総会に参加し、夜遅くまで村民と懇談していた。

やがて、山津見神社宮司夫人の久米園枝さんがいつもの笑顔で参加しているはずなのに姿が見えないのに気づき、隣の席の村民に聞いたが、欠席の理由がわからないとのことだった。その後、私たちが一月に新たに開いた保原(ほばら)町の事務所に戻り、夜中の二時まで打ち合わせをして寝入りばなの午前四時に、菅野宗夫さんから山津見神社が燃えてしまった、園枝さんらしい人が行方不明だという電話が入った。朝六時に宗夫さんと合流し、山津見神社に仲間とともに駆けつけた。村民や消防団の取り巻く中で、全焼の神社は森の中にぽっかり穴が空いたようになっていた。立ち入り禁止のロープの前までしか行けなかった。

山津見神社焼失は、飯舘村の村民、各地の崇敬者、そして私たちを含む飯舘村に愛着を持つ人々に大きな衝撃を与えた。長期化する原発事故の衝撃と重なり、長く記憶に残らざるを得ないものとなった。私は、来訪者を必ず山津見神社に案内していたが、いつも宮司の奥様がにこやかに出迎えてくださり、お話しするのが常だった。裏千家の茶道や琴の先生で、私は時に礼儀作法を教えられお茶をごちそうになっていた。避難生活の中、めっきり減ったお参りの人のために、毎日避難先から通われていた。三月三一日から四月一日にかけては大変寒く、雪がちらついていたので、その日に限って避難先に戻らず自宅に泊まって火事に遭われたようだ。

佐須地区の村民が支えてきた神社であり、菅野永徳さん、佐藤公一さん（ともにふくしま再生の会会員）が氏子総代を務めておられる。原発事故前には、一一月例大祭に二〜三万の崇敬者が訪れていた山岳信仰の中心でもある。「佐須の山の神」として全国に知られた村のシンボル、拝殿の天井に描かれていたオオカミ信仰の絵など、貴重な多数の文化財も失われた。

原発事故に続いて、避難を強いられた人たちの中からこのような痛ましいことが起こるという飯舘村の現実は、厳しく悲惨だ。美しい村の生活と生業の再生に向けて、できる限りの支援を続ける意志を新たにした。今後の再建の道は大変厳しいものと思われるので、私やふくしま再生の会ができることを模索するとともに、多くの方々のご支援を呼びかけたい。

†山津見神社のオオカミの絵を再生

二〇一三年一一月二三日、私たちの現地拠点がある飯舘村佐須滑（なめり）の菅野宗夫さん宅前に、古いレコードの音が鳴り響いた。これは菅野宗夫さんが佐須の行事でも使ったもので、避難先から戻って私たちと協働作業をするために、物置から見つけてきたもの。苦しい避難生活の中でもちょっとした懐かしいものを発見すると、人の心は和む。

そこへ山津見神社の氏子総代である私たちの仲間の菅野永徳さんが連れてきた加藤久美さん（和歌山大学観光学部教授）とサイモン・ワーンさん（同特任助教）が、古いレコードを聴く輪に加わった。この夜二人は急遽、私たちと同じ、りょうぜん紅彩館コテージに宿泊した。

そこで、私たちは新しい協働プロジェクトを行うことに合意した。焼失し失われた山津見神社の貴重なオオカミの絵の復興プロジェクトの実施である。不幸中の幸いというのか、加藤さ

ふくしま再生の会が奉納したオオカミの絵の模写

オオカミの天井絵の記録写真を見ながら、再現のあり方を議論する支援者

んとワーンさんが二〇一二年末に山津見神社を訪れ、天井に描かれたオオカミの絵を、克明にデジタルカメラで撮影して、信仰の歴史を調べていたのである。ワーンさんは、オーストラリアのタスマニア島出身で、広大な農場を経営していたがカメラマンとしても活躍し、和歌山大学に来ているとのこと。

全国でも珍しいオオカミの天井絵は約二四〇枚あり、一九〇四年に拝殿を建て直した宮司の久米中時が旧相馬中村藩の絵師に描かせたと伝わっている。

仮本殿の復興計画が検討されており、ワーンさんによって記録されたデジタル画像は、山津見神社の再生に大きな貢献をすると考えられる。復興プロジェクトのグループでは、権禰宜（ごんねぎ）の久米順之さんを中心に氏子の住民たちと支援者が集まり、村の文化財保護専門家らを招き、神社で天井絵再現の進め方について話し合った。その結果、日本画家志田展哉（のぶや）さんが原形に忠実な板絵の見本を描き、技法の課題や要する時間、費用などを検討した。

その後二〇一五年から、東京芸大大学院文化財保存学の荒井経先生の指導のもと、大学院生二六名の参加で本格的な修復が行われ、二〇一六年一〇月に新拝殿の天井に取り付けられた。

†お葬式への参列

二〇一一年に村に通うようになってから、親しくしていた農家の方々の親族が亡くなると私は葬儀に参列してきた。当初から一緒に稲の試験作付け、東北大惑星観測所に設置した放射線観測小屋の加工などの協働作業を熱心にしてくれた伊藤隆三さん、小宮地区の大久保金一さんの九五歳の母上コトさん、優秀な大工だった高橋清さん、菅野宗夫さんの父上次男おじいさん、菅野千恵子さんの母上、大石ゆい子さんの父上、菅野新一さんの子息……全村避難した村人の高齢者あるいは若い人も避難先で亡くなっていく。心が休まるふるさとが、未だ再生できないうちに。

私が参列したお葬式は、すべて村外の葬祭場で行われた。参列者は広範囲な住処から車で集まってくる。それらの葬儀で捧げた弔辞や追悼文からいくつかを、以下に紹介したい。

ふくしま再生の会の皆様

二〇一八年九月二一日に酒井徳行さんが突然亡くなりました。私がふくしま再生の会の宿泊場所に困っていた時に、矢野伊津子がインターネットでふるさと体験スクールを見つけ、子ども相手の宿だけどロートルの宿泊を受け入れてくれるか、私はままよと電話したところ、いろいろ事情を聴いてもらい快く受け入れますと言っていただきました。八王子の中学校長と小学校教諭のご夫妻が、定年後徳行さんの故郷で子どもたちに自然体験や農業体験をしてもらう施設をつくろうと決心し、退職金を使い山の樹木を切り出してつくった素晴らしいスクールを開設直後に原発事故に見舞われ、休業せざるを得なくなっていました。避難地域でないために補償金も出ません。一度東電に問い合わせたら、過去三年の収支報告を提出しろと言われ、開設したばっかりでそんなものがあるわけがないと、怒っていた徳行さんの顔を私ははっきりと覚えています。

しかしその困難の最中に、酒井徳行・ヒトシさんご夫妻は、それ以来いろいろな面で会を助けてくれました。中にはわがままなメンバーもいる中で、毎週宿泊者全員に洗い上げた五点セット（シーツ、かいまき、枕カバー、大小タオル）を用意し、朝晩の食事も丁寧な心づくしのごちそうでした。自慢の料理の解説と最近の状況について、徳行・ヒトシさんがお話しするのを聞くのが、私たちの夕食時の恒例でした。徳行さんは毎週、つくった食事を写真に撮り、アルバムに整理されていました。今年も四国の石鎚山に友人と登ったなどと嬉しそうに写真を送ってくれたり、佐須の事務所を手造りのあんぽ柿をたくさん持って何回かお訪ねくださり、時に私がスクールに寄るといろんな話をした後も、もっと居てほしいと引き留められたり野菜をもらったりしていました。

本当にまじめな先生で、根を詰めて考える人だったので、原発事故への怒りも心の中に深く沈潜していたのだろうと想像できる気がします。農作業に没頭しようとして無理を重ね、先日来入院されてからふくしま再生の会発起人・理事の三吉譲（ゆずる）医師にも診察してもらっていました。

試験的な退院をという医師判断で二〇日にご自宅に戻り、二一日朝野菜の整理に母屋に行くと言われ、それにしては戻りが遅いと感じたヒトシさんが倒れている徳行さんを発見したそうです。救急車で病院に行きましたが、意識の戻らないまま二一日昼にご臨終だったそうです。大変残念なことになり、申し上げる言葉もありません。深くご冥福をお祈りするしかなすすべがありません。未曽有の原発事故以来、私も被害に遭われた方々の不幸に立ち会うことが多く、悲しみとともにこのような事故を招いた当事者、それを許容してきた私を含む社会に憤りを覚えています。

合掌　田尾陽一

＊

追悼

九月二九日菅野宗夫さんの父上・次男さんが九五歳の生涯を終えられた。ご親族や関係者が多数参列して一〇月二日通夜祭、三日葬場祭が行われた。生花を「特定非営利活動法人ふくしま再生の会　会員一同」でお出しした。

二九日夕方、飯舘事務所で作業していた私にその知らせの電話が入った時に一瞬、一週間前のお彼岸に保原の避難先からお墓参りにやってきたおじいちゃんの顔中の笑顔と両手の握手が頭に浮かんだ。私の手をしっかり握り「いつもありがとう」とゆっくり心の底から言われる時に、なんとも穏やかな気分になるものだった。

村の原発事故被害を深く憂いていた。新聞を必ず読み、「戦争よりひどいな、先が見えず、終わりがない」と言っていた。しかし、宗夫さん・千恵子さん・お子さん・お孫さんたちを激励して、前向きに生きようとしていた。いつも皆を心配しながら自立的に生きようとしていた。保原の街を万歩計と交通事故防止の夜光タスキをかけて、毎日五〇〇〇歩以上の歩行や、腕立て伏せ二五回などをやっていた。六〇歳での胃の全摘手術以降の自己健康管理は抜群だったと聞いた。その精神力、記憶力、判断力は、驚くべきものだった。

二〇一二年から今年まで毎年の田植えと稲刈りは、放射能に汚れた田んぼの除染と土壌や稲の放射能測定という私たちの試みを持続させる厳しい目的とともに、稲作の伝統を体験する楽しいものでもあった。その主役はいつも次男おじいちゃんであった。

田植えの後の早苗饗(さなぶり)と稲刈りの後の刈上げという田んぼのわきの野原で行う宴会では、私はいつもおじいちゃんのわきに座り、酒のコップを差し出し、おじいちゃんが飲み干してから頃合いを見計らって、「そろそろだよね、歌だよね」などと催促する。おじいちゃんもこの掛け合いを承知の上で、「そろそろやるかね」と立ち上がる。一呼吸おいて、「まあまあ」

と手ぶりで二呼吸おいて、一気に新相馬節となる。それから軽妙な、時に色っぽいしぐさで飯舘音頭となる。その声量はすごいもので、マイクなしでもはるかな田んぼにまで響き渡る。今年の田植えでは、ついにはだしで田に入り、両脇を支えられながらもすごい速さで苗を植えて見せたものだ。

今頃、軽やかに自然の中に戻っていった次男おじいちゃんは、私たちの活動を穏やかに、いつまでも見守ってくれていると思う。ご冥福をお祈りしたい。

二〇一八年一〇月三日　田尾陽一

菅野次男さん

†ブドウ畑をつくる

私の家から見渡せる高台では、小原壮二さんがブドウ畑の手入れに余念がない。彼の発案で、北海道十勝の池田町ブドウ・ブドウ酒研究所、山形のブドウ農家、二本松市東和の人たちなどの協力を得て一七種類三〇〇本の試験栽培を行っている。数年後に、飯舘牛とよく合う飯舘ワインができるかもしれない。それにしても大変な労力がかかる。植栽から、除草・防虫・どんどん伸びる茎を横に這わすための杭打ち・番線張り等々、きりがないほどの作業が続く。二宮克彦さんや高木浩子さんたちが手伝っている。小原壮二さんは、成城大学山岳部の頃ヒマラヤのジャヌー（七七一〇メートル）にフランスに次いで日本初登頂したぐらいだから、足腰は丈夫なのだが。ちなみにふくしま再生の会は、私を含め登山家が結構多くいると思う。これも自然の美しさはもとより、いざというときに危険な自然との付き合い方を知っているからだろう。

✝交流の家の建設

二〇二〇年の夏から、仮設住宅の解体木材を再デザインして組み合わせるハンマーの音が山里にひびきわたった。「交流の家」の建設である。旧佐須小学校の解体という困難をくぐり抜け、しぶとく歴史文化を継承するエネルギーはどこから来るのか。

地域の人々に親しまれた懐かしい窓や扉、図書や生徒の絵、古い大きな掛け時計などを解体現場から運び出し、ここに設置し将来のコミュニティ再建に生かそうとする老人たち、裏山の森林から新しくつくることにした囲炉裏に使うケヤキの大木を切り出そうと試み、その操るユンボが深い草の生い茂る山の斜面で横倒しになった時、その運転台からはにかみながら這い出てくる八二歳の永徳さん。そのひたむきな想いは囲炉裏に託され、これから長い年月を持ちこたえて次世代に伝えられていくだろう。

そして、二〇二〇年一〇月四日、「交流の家」は完成し、全村から村民・移住者・村外の未帰村者・支援者など約一〇〇人が集まり、完成を祝った。竣工式では、徹夜で建築に携わった伊達や南会津や飯舘村の職人の方々へ感謝状が贈呈され、設計デザインを担当した山岸綾さんから懐かしい小学校の部材を使った建物の説明があった。それに続く祝賀の食事会では、菅野永徳さん発声の乾杯、大内定子さん率いる堀内流民謡飯舘同好会の皆さんによる民謡、八木優子さんの昔の小学生の作文朗読、訪問看護ステーション「あがべこ」をつくった星野勝弥さんのギターと歌が披露された。

郡山の「孫の手トラベル」さんによる、飯舘産の食材を使って用意した料理をキッチンカーから提供するフード・キャンプという趣向が、東京の阿部憲一さんから寄贈され、地元の方の栗おこわなどの差入れも加わった。青空の下、敷地内の草原での和やかな地産料理の饗宴で、地域住民の未来への期待は盛り上がった。当日、稲刈りに参加した各大学の学生たちにとっても、未来を体験する「刈上げ」になっただろう。

第二章　周辺をさまよう

†福島への道を走り始める

二〇一一年三月一一日午後二時四六分、私は中野区のマンション六階の自宅で激しい揺れを感じた。これが東日本大震災そして東京電力福島第一原子力発電所事故の始まりだった。それ以来、私はTVにかじりつき、多くの人が見た津波の押し寄せる光景、原発事故の厳しい状況にくぎ付けになっていた。東京でも交通網の停止の中で、歩いて自宅を目指す人々の群れや食料・日用品の確保に走る人々、計画停電などの混乱が続いた。

その中で私の関心は、過去の経験（広島原爆の記憶と核物理学の知識）も手伝って、地震・津波をきっかけに起こった福島原発事故に集中していった。先述の通り私は、四歳の時、広島の爆心地から九キロの坂村（現在の坂町）で、原爆を目撃していた。両親が住んでいた横浜よりも安全だと思われた、田舎の祖父母のところに預けられていたのだ。村の上空を飛ぶ米軍機が珍しく、寝間着のまま祖父と手をつないで庭に出ていた私は、広島市の上空で爆発した原爆を見てしまったのだ。

被ばく者への差別がひどかった戦後に、私は成人するまでほとんど周囲に被ばくの話はしなかった。健康への不安は多少あったが、普通の子供として横浜・川崎で成長した。高校時代にようやく原爆のことがわかり始めると、まっすぐ飛ぶ中性子線が私にストレートに照射されたかどうかを計算してみた。広島湾を隔てた広島市の上空五七〇メートルの爆心から私までの間には丘が重なって、放射線をさえぎることがわかってホッとしたことを覚えている。

私は五〇年前に、東京大学理学系物理大学院西川・平川研究室で高エネルギー加速器の設計をやっていた。現在つくばにある高エネルギー加速器研究機構（KEK）設立の準備をしていたのだ。東大闘争に参加したこともあって研究者をやめてから久しいが、二〇〇五年頃、KEK機構長（当時）の菅原寛孝さん、鈴木厚人さん、清水韶光さんに依頼されて、国際リニアコライダープロジェクト（ILC）の手伝いを始めていた。その関係の研究者と親しかった私は、ただちにインターネットを使って物理研究者たちと相互通信を開始した。

一般公開情報と研究者間情報などを突き合わせ、各人が持つ知見や知恵を出し合う即席の「憂慮する物理研究者ネットワーク」とでもいうようなグループを作り上げ、そのネットワークマネージャーを勝手にやりだしたわけだ。それらの知見は私のその後の活動に大いに役立った。

†東海村の原子力研究開発機構訪問

二〇一一年三月二五日、つくばのＫＥＫ機構長・鈴木厚人さんの指示で、東大素粒子物理国際研究センターの山下了(さとる)准教授（現特任教授）と日本原子力研究開発機構（ＪＡＥＡ）の安全解析グループに会いに茨城県東海村に行った。地震であちこちが壊れている研究棟の薄暗い部屋に通されて、グループの責任者と情報交換を行った。

彼の話を聞いて私は衝撃を受けた。三〇人くらいのグループメンバーが集合して、福島第一原子力発電所の一号から六号までの原子炉の安全解析ソフトを動かす準備をして、東京電力から各炉のデータ（各部の温度、圧力、炉心の破損状況など）が送られてくるのを待っているのだが、未だ送られてこないというのだ。私は、このグループが原子力ムラの頭脳部分で、その解析結果を使って事故現場が対処方針を決めているのだと思い込んでいた。その本拠に乗りこんだつもりだった。ところが解析すべきデータがない！　その責任者が、なぜ東電や経産省がデータを送ってこないのかわからないと沈鬱な顔をしているのだ。

私は翌日に、ＩＬＣを推進する先端加速器科学技術推進協議会設立に関わってくれていた高校の先輩の与謝野馨さんの事務所に向かった。経産省、東電とＪＡＥＡの間で原発事故データの受け渡しがないという私の話を聞いて、与謝野さんは即座に携帯電話で嶋田隆秘書を呼び、各方面に指令を出し始めた。そのすぐ後に状況は動いた。パニックの時に、組織の壁は致命傷になるが、打開するのは忖度のない直感と理解力のある人間個人だとつくづく思い知らされた。その後、私は安全解析グループの責任者からデータを入手したとお礼の電話をもらった。

†第二原発まで走る

二〇一一年三月二五日午後三時、私は福島第二原発のすぐ近くの楢葉町付近に入った。無人の竜田駅から集落を通って海岸に出ると、そこには、この危機を乗り越えることができなかった時、日本人の精神が行きつく先を垣間みるような、うら寂しい風景が広がっていた。

その日、JAEAを訪問した後、私は一人で福島第一原発の近くまで行ってみようと思い立った。東海村駅前のタクシーの運転手さんと交渉した。福島というとみんな嫌がったが、一人の年配の運転手さんが乗せてもいいと言った。走り始めてしばらくして、私は海外登山遠征の経験を思い出しながら後部座席から話しかけた。

「なるべく事故原発の近くまで、行けるところまで行ってもらいたい。ふつうは目的地で客は降りてそこまでの料金で、帰りは空車で金にならないんだろう。往復料金を払うからメーターを倒さないで行ったほうがいいかな」「それはできません。どこを走っているか会社にわかっちゃうから、行きはメーターを倒さないとダメです」「わかった。それじゃこうしよう。原発の近くまで行けるだけ行って、そこまでメーターを倒す。帰りはメーターなしで帰る。俺は往復の料金を払い、会社には片道の料金を納める。帰りはお宅が丸ごともらう。それなら最も遠くまで行くと得するよね」「ＯＫ」

常磐自動車道で、いわき四倉まで北上し、よつくら港に行く。港近くの家並みの路地に、数十台の車がうずたかく重なりあっている。そばの広場に一〇〇人以上の人々が行列しており、そこではおにぎり・飲料などの食料品を配っている。国道六号線は閉鎖されていたので、県道四一号線から三五号線に入りさらに北を目指した。途中、福島第一原発から三〇キロ地点で警察の進入規制にあう。通行許可などないが「用事があるので」と言うと通してくれた。ついでに前方の様子を聞くと、福井県警から応援にきているのでこのあたりの地理には不案内とのこと、「気を付けて行ってください。二〇キロ地点で自衛隊に止められるでしょう」と言われる。全国から警察官が動員されている。

二〇キロ地点らしいところで、自衛隊の車数台が、隊列を組んで横の道から出てくる。なにか言われるかと思ったが、彼らは私たちに関心を示す様子もなく、そのまま北上することができた。道路の状況は段々悪くなり、福島第二原発（第一原発から約一〇キロ南）のすぐ手前で道路が地震で破壊され、道路だったところが谷のように切れ落ちている。三五号線を北上するのを

福島原発への道（2011年4月7日）

あきらめて、海に向かう脇道に入った。

丘を越えると、広野の火力発電所の白い三本の煙突が見える。海側の道路には亀裂や段差がたくさんあり、簡単には前進できず、ここで北上をあきらめる。福島第二原発の南三キロあたりか。大きな段差ができていて車で進むことはできない。集落の中の道路に入ってみても事情は同じだ。そこはまるで西部劇にでも出てきそうなゴーストタウンだ。避難する直前まで日常生活が行われていたのだろう、サインが点滅している店もあるが無人となっている。車から降りてみると、開放された牛舎から数匹の黒い牛が近寄ってくる。避難勧告からもう二週間近くたっているので、避難のときに水や餌を置いていったとしても、もうそれもなくなって飢えているのだろう。

竜田駅を通って海岸に出る。地図で見ると、たぶん本釜海岸とある場所らしい。海岸付近は津波の爪痕がそのままの荒れ野原だ。海岸に立った三階建ての津波避難施設が破壊され、コンクリートの外枠だけ残っている。道端の電信柱が傾き、四メートルほどの高さの鉄のステップに、女の子用のバッグが風にゆらいでいる。必死で上に登ろうとして、流されたのだろうか。その傍らで、取り残された犬がさびしそうに立っている。犬には持っていたアンパンをやる。なんとも言えない寂寥感とともに自分の被ばくの可能性が頭をよぎる。

運転手には車の外に出ないように言ってあった。「もう帰ろう」と言うと、彼はUターンし、町の迷路のような道を猛スピードで走り抜け、三五号線から常磐道へと一気に南下していった。「お互い結構な年だからな」と意気投合していたのだが、彼はやはり怖かったのだ。

†行政組織どうしの連携

二〇一一年四月五日に、KEKの若手が徹夜で組み上げた定点放射線測定器（高精度データ連続計測、携帯電話網を使ったデータ自動送出機能を持つ）を車に積んで、私と鈴木厚人機構長、石川正准教授は、田村市の都路（みやこじ）町を目指した。これが三回目の福島行となる。

私たちは、大熊町の避難者を収容している田村市総合体育館に到着した。体育館の片隅に避難者のために時々刻々の放射線の値を表示できる装置の設置を、田村市の現地災害対策本部に申し入れた。本部員は、放射線計の設置は県や国の指示がないとだめだと言った。鈴木機構長は、すぐ文科省の局長に携帯で連絡した。国は市や県から依頼があれば承認すると答えた。その旨伝えると、「市からは発議できない、県に言ってくれ」という。県の担当に連絡すると「市が要請するなら国に伝える」という。国は地元から要請がないと指示できない、市は国が指示するなら設置する……なんだ、これは！　要するに、誰も責任を取りたくない、タライまわしということだ。これでまたこの社会のメルトダウン状態を経験することになった。避難者の放射線への不安を前にこの体たらくは、とても文明国ではないなと思う。

避難所にいる人たちや世話をしている担当者と話したときは、直接この場所の放射線強度が二四時間みられるのはありがたいと皆よろこんでいたのだが、私たちはあきらめた。

この騒ぎを遠巻きに見ていた大熊町の避難者の中から、一人の若者が私に話しかけてきた。何の騒ぎですか？　これこれしかじか。「ヘエー驚きだよな。私は実は東電の社員で現場作業をやっている。なるべく被ばくを減らすために休みの日は両親が避難しているここに来ている」とのこと。その時その若者に私は原発事故現場の放射線量はどのくらいか、ドコモなどの携帯はつながっているのかと聞いた。彼の話では、原発のまわりで二一mSv/hくらい、携帯はドコモ、ソフトバンクはだめ。ａｕのみが時々つながる。皆、ＰＨＳを持たされているが外部に通話する人は少ないようだとのこと。私たちの測定器は、ドコモ回線を通じてデータを自動的にKEKに送るように作ってあったのだ。

†技術戦略専門委員会に出席

内閣府総合科学技術会議から久しぶりに連絡があった。二〇一一年四月一一日の情報セキュリティ政策会議第一七回技術戦略専門委員会に出てほしいという。民主党政権下でまだやるのかと思ったが出席した。そこで示されたのは、六月に発表するという委員会報告の草案だった。いつものように官僚が全部書いて、委員会に同意を求めるものだった。私は、真っ向から反対した。

原子力発電事故に触れていないという批判点を述べた。何で情報セキュリティが原発事故に関係があるんだと、委員長はじめ各省庁の傍聴者を含む四〇〜五〇人が唖然とした。私は、事故現場の三〇〇〇人以上の作業員の携帯がつながっていないことは、情報セキュリティ問題だと説明した。万一の時は発電所長がメガホンで一号炉から四号炉まで走り回って避難を呼びかけるのかと皮肉った。NTTの委員はまさかという顔をしたが、携帯で調べて福島原発の周辺がつながっていないのを確認していた。結局、額を突き合わせて打ち合わせをしていた委員長と事務局が、本日の草案を取り消し、後日書き直した草案を各役員に提示するということで会合が終わった。この国のセキュリティ意識は、原子力ムラだけでなく、どこもレベルが低い。後日、NTTの役員から原発周辺の赤色領域が青に変わったと連絡があった。

高度情報通信ネットワーク社会推進戦略本部・情報セキュリティ政策会議・技術戦略専門委員会への田尾陽一意見書抜粋（二〇一一・四・一八）

①原子力プラント、配電システム、交通システム、インターネット社会基盤システムなど社会インフラシステムとか重要インフラシステムと呼ばれるものは、全システムを構成する個別システムの中核に、リスクマネージメントシステム（アクシデントマネージメントシステム）が不可欠である。日本では、特に全体システムの一部である個別システムを専門領域と考える傾向が顕著である。今回の事故で言えば、原子炉設計が美しいことに自己満足している人は、全体のシステム設計能力はないと言える。その人には、リスクマネージメントが付属部品のように思えるのだろう。

②通信基盤（現代ではインターネット基盤が内包される）は、現代の社会インフラシステム、重要インフラシステムの基盤に不可欠である。個々の社会インフラシステムを設計するときには、それと不可分の通信基盤を合わせて設計できる能力が必要である。

原発プラントのアクシデント現場に、通信基盤が存在しないなどは、ほとんど考えられない。万一の時の現場スタッフへの情報伝達の重要性を考えたら、携帯各社のサービスがかなりの期間失われていたことは、大きな問題である。さらに、基幹組織間の通信専用線が確保されていても、充分なバックアップ回線が確保されていなかったら、不測の事態に指揮系統が失われることであり、壊滅的な事態を生むだろう。

この意見書の提出をもって私の技術戦略専門委員会委員としての任務が終わった。要するに、政府（当時民主党政権・総合科学技術会議）から声が掛からなくなったのだ。

†福島原発事故直後の東京大学を訪ねる

二〇一一年四月二〇日に久しぶりに（四〇年ぶり）東京大学を訪れた。約二〇分間で赤門、正門、工学部、安田講堂前をまわって、携帯で数枚の写真をとり、二～三人の学生に話を聞いた。

物理学的には意味不明のシステム量子工学科という名前に今は変わっている東大工学部旧「原子力工学科」にもぶらりと行ってみた。

まず驚くべきは、彼らの研究の結晶である原子力工学の成果物のために、日本中・世界中が大騒動なのに、チリ一つない構内で全く火が消えたように静まり返っている東大工学部の姿である。聞けば、五月まで新学期を延ばしているのだそうだ。ほとんど教官らしき人にも学生にも出会うこともなく、事務所まわりに職員らしき人が数人いた。

これはどうしたことか。何を自粛しているのだろうか。自粛ではなくさぼっているのか？

スタンフォード大学の教授をしている釜江常好さんという物理研究室の先輩からメールが来

た。アメリカ西海岸のこの大学では度々、フクシマ原発事故をめぐって、タウンミーティングという学内集会が開かれ、老いも若きも、研究者から学生までフクシマについて議論が重ねられているとのこと。その白熱しているらしい雰囲気を聞かされて、〝社会のために〟原子力専門家を養成し、東京電力や監督官庁に送り込んできた東大工学部の雰囲気を私も見たくなって、ついでに寄ってみたわけである。

東大構内（4月20日）

この静寂は何を物語るのか。工学部長や総長や全学の有志教官が、シンポジウムや研究会ぐらい仕掛けているだろうし、一九六〇年代・七〇年代なら学生がわんさか出てきてビラは配るし、立て看板にあふれかえる構内になるだろう――そう考えてやってきた。

これは何なのだ！　異星人の大学にでも来たという気がしてきた。

ではこの間、専門家の教官はどこで何をしているのか。自宅でTVでも見ながら寝ているのか？　学生はどこに行っているのか。実家に帰ってマンガでも読んでいるのか。通りがかりの学生に「どこかで原子力関係のシンポジウムでもやっていない？」「これまで、そんな会合はなかったの？」と聞いてみた。異星人を見るような顔をした東大生は、「いえ、僕は関係ありませんから」「さあ知りません」と何の感情も表さず無表情に答えた。

†ブログで声明を発表

いたたまれなくなり、私は二〇一一年六月一四日のブログに次のように書いた（http://gusha311.blog55.fc2.com/blog-date-201106.html）。

汚染処理の問題について（二〇一一年六月一四日）

廃炉が決定ずみの福島第一原発一号機〜四号機の溶融している炉心のウラン燃料および生成された高放射線物質はもとより、圧力容器・格納容器・パイプ・計器類・使用済み核燃料とプール・全ての建屋・爆発で周辺に飛び散ったガレキ・冷却にともない増加する汚染水・今後汚染されていく汚水循環システム類など多種多量の汚染物が、原発敷地内に山積みしている。

さらに周辺二〇〜三〇キロ圏だけでなく、飯舘村、南相馬市、福島市、伊達市、郡山市などにも及ぶ広範囲な地域での放射能化した土壌、水、樹林、畑、牧場、作物、放射能除去用に植えたヒマワリなどの多種多量の汚染物が周辺地域に山積みしている。

これらの除去方法の開発と実施が長期間に及ぶとともに、その結果として膨大な汚染物の処理が課題となる。汚染土壌、川や池の沈殿汚泥、伐採した森林の木材、汚染除去用に植えた植物の刈り取り物などの処理をどうするかという課題である。周辺地域の汚染物および汚染除去のためにこれから産み出される汚染物は、原発技術の原則である「閉じ込める」によれば、当然、原発敷地内に戻すことが必要である。莫大な森林の伐採した木材や葉、ヒマワリの種や、菜種などは、原則として原発敷地まで運び、東電にその経費とともに引き取ってもらうことが肝心であろう。

さらに、この第一原発の敷地内の全ての放射性物質の、その後の処理方法を周辺住民、全国民、全世界の人々に明らかにする義務が、東電、政府そして、原発を推進してきた企業、大学、関係機関の人々にあることを明確にしたい。

首都移転と東北復興

東日本大地震、津波、原発事故は、日本の原子力技術の信頼性を根本的に失わせたとともに、日本の社会機能の安全性への疑問を世界に植え付けたと考えられる。私たち日本人は、この不信感を今後、長期間にわたり払拭する努力を続けなければならない。今後の東海大地震の予感を胸にする時、私たちは、社会的機能の分散配置を考えなければならないのではないだろうか?

すなわち、東京集中の首都機能の大胆な分散である。東京でメルトダウンしている政府(中央行政機能)と国会、最高裁などを、那須ないし関西へ皇居とともに移転する。ついでに愚昧で不必要な国会議員を一〇〇人以下に減らして移す。東京は、皇居、国会、議員会館、官庁街を再開発地域として、徹底した安全設計の下に、国際化特区とする。

東北地方は、自己決定権を持つ国際的な地域として復興をはかる。すなわち、農林水産業や観光や新しいエネルギー技術開発などを、アジアの人々とともに推進し、人材とノウハウの共有を推進していく。中央政府に集まる偏狭な政治屋や省益にしがみつく官僚群、復興資金に群がる狡猾な企業の排除を原則として、真にオープンでまじめで人にやさしい東北人の良い面を伸ばすモデル地域として、東北地方の自立を図る。

福島の自然と生活の再生に向けた調査・交流・実験・行動のために、全国の人々の共同作業所を開設する

この二一世紀初頭に、大自然の大きな力の前に人間が翻弄され、さらに安易に自然をコントロールできるという慢心の上に敗北した原発事故という三重苦の福島地域において、自然の力の前に謙虚に学びつつ長期間にわたり、自然を構成する空気・土・水・海・植物・動物そして人間の営みの本来の姿を復活させていかなければならない。

このためには、被災を自分のものとして自立的に考える諸個人・諸国民、農林水産・牧畜などの知恵を持つ人々、自然を観察し分析するさまざまな技術を持つ人々が集まり、被災住民とともに学びつつ、本来の自然とそれらと共生する人間の生活を復活させる必要がある。この中で、長期にわたる原発の廃炉過程を看視し、最終的な自然の姿にもどる姿を見届けたいと思う。

私たちは、この行動のための具体的な計画を考えている。皆様に、この計画に参加いただきたいという呼びかけを、近くお伝えしようと考えている。

そして、二〇一一年七月七日に、ブログの読者に下記のように呼びかけた。

「福島原発への道」そして「福島再生への道」を読んでいただいている皆さんへ

東日本大震災とそれに続く原発事故で被災された地域の皆さんに対して、現地にまず行ってみることで、何ができるのかを考えてきました。こうした行動を通じて、継続的な支援と活動が必要であり、そのためには組織として活動してゆく段階にきているとの結論を得ました。そこで、仲間とともにこの指とまれ方式の組織である「ふくしま再生の会」を立ち上げようとしています。

ホームページを開設しましたので是非ご一読ください。

ふくしま再生の会

「ふくしま」をもう一度、農林水産業が盛んで、豊かな日常生活が営まれる「福島」に再生するための方策を被災された方々とともに考え、行動してゆきたいと思っています。ホームページサイトに掲載されている趣意書に賛同くださった方は、ご入会をお願いします。

第三章

飯舘村に入る——ふくしま再生の会創設

†二〇一一年五月六日——東京で友人が集まる

私の友人、そのまた友人など二十数名が、原発事故をめぐって意見交換する会合を持った。多種多様な仕事をやっていたり、リタイアしたりした人たちで、その昔、理・工・文・経・医などの専門家の道を歩んでいた人も多かった。

いろいろな見解が出たが、福島原発事故が現代日本の最大の危機であるという認識で一致した。戦後の半世紀以上の人生を歩んだ人間が、その価値観や知識を根底から問われる事態であるという認識であった。世話人（田尾陽一、大永貴規、三吉譲）は、この会合の結論として、福島現地にとにかく行ってみようという提案を行った。六月五日朝八時、呼びかけに応えて集まったシルバー世代と若干の若い世代の一六人は、東京駅前から二台のバンで出発した。つくばの高エネルギー加速器研究機構（ＫＥＫ）から借用した蓄積型放射線量計と、いざという時のためにビニール製の頭巾・カッパ・手袋、活性炭素入り防塵マスクと現地地図を用意した。

✝小名浜漁港から相馬市松川浦へ

常磐自動車道を走り、いわき湯本ICから、小名浜漁港に一一時三〇分に到着。出迎えてくれたIWAKIふるさと誘致センターの理事・運営委員長作山栄一氏といわき商工会議所企画総務部小野英二氏の案内で、津波によりすべての港湾機能を失った小名浜港の状況を見る。魚市場も閉じたままである。

また、津波に直撃された江名（えな）の海岸や破壊された集落を見ながら北上した。全壊という認定を受けた民家には、建設業者との再建（新築）の契約書を示すことを条件に二〇〇万円が支払われるとのこと、これでは自己資金がない限り家の再建は無理だろう。いわき四倉ICから、再度、常磐自動車道を走り、さらに磐越自動車道を北西に向かい、福島西ICを降りて中村街道（国道一一五号）を東へ相馬市を目指した。福島第一・第二原発の周囲を半円状に南から北へまわったことになる。

中村街道は阿武隈高地北部の霊山付近で、つづら折りの細い道で峠を越す。予想以上に時間が掛かり、夕方五時半頃に相馬市役所につく。NPOふるさと回帰支援センターの高橋公理事長が紹介してくれた「おひさまプロジェクト」代表・大石ゆい子さんと合流する。大石さんの案内で、松川浦（白砂青松一〇〇選）を視察する。

海岸には、数十艘の中・小型の船が打ち上げられたままになっている。松川浦は海苔の養殖で有名であり、津波前はさぞかしというきれいな場所である。

細い海への入り口に大きなアーチ型の橋（松川浦大橋）がかかっている。海面から二〇メートル以上もある橋の上を津波は越えて浦内に押し寄せたとのこと。美しい風景を前に、その恐ろしさとの落差が大きい。浦内には、所々に沈んだバスや家の屋根が見えている。岸壁からのぞくと海の中にガレキが無数に沈んでおり、あぶくがあちこちから海面にのぼってくる。通行止めが解除されているのかあいまいではあったが松川浦大橋を渡って、行き止まりの鵜の尾岬の手前まで行く。海岸の自然洞穴にたくさんの地蔵が林立し、その中の首がとれた地蔵が一カ所に集められている。

松川浦

†話し合い

松川浦に面して比較的被害の少なかった六階建てのホテル喜楽荘が、時に断水などしながら宿泊を引き受けてくれた。夕食は魚が獲れないのでカツ丼であった。広間で食事をとりながら、参加者の紹介や討議を行った。最初は、大石ゆい子さんや県立相馬高校の教諭渡辺義弘氏の話を聞いた。大石ゆい子さんは、一度は東京で勉強したが、ふるさとに戻り文化活動などを中心にさらに住みよい町にする活動を展開してきた思いを語った。その活動が盛り上がろうとする時に、地震・津波・原発事故が襲いかかり、人々の生活を破壊していった。その状況は、まとめて簡単に話すこともできない。個々の人々の生活のありようの集積であり、語り尽くせるようなものではないことが語られた。

原発事故のことを知った瞬間に、ただひたすらどこまでも日本の西に逃げることを考えたという渡辺義弘さんは、現場にも来ない中央の人からの一方的な指示で混乱する教育現場や生徒のことを語ってくれた。その後、参加者が、今日見た福島の現状を前に、それぞれ、てんでんバラバラに思いを語り始めたが、とても時間が足りるわけもなく夜が更けていった。これらは、今後、各参加者の周辺へと報告や議論が続くと思われる。よく晴れた翌朝、目の前の松川浦は、細部を見なければあくまでも美しい空と海と岸辺である。よく目をこらすと見えてくる被害のひどさよりも、新聞やTVで見聞する住民の苦難の情報よりも、昨日聞いてしまった人々の生活状況や今後予想される困難への想像のほうが、私の頭の中に沈殿してしまったようである。

翌六月六日朝九時、車に分乗して南相馬市に向かう。原町区にある二〇〇～三〇〇メートル四方の巨大な水耕栽培用ビニールハウスの中で、原町農産・エコアグリ・丸高青果・丸八などの複合組織を経営する鈴木栄一社長の話を伺う。一九九六年からネギやトマトの集落営農モデルを発展させて法人化し、年商二～三億円の売り上げをつくってきたアグレッシブな農業経営者である。石川県からの移民七代目だとのこと。三月一一日に従業員は出社不能、トマト・ネギも出荷不能となり、全員解雇せざるを得なくなる。放射線量測定は、近くの学校で福島県が測っている値を参考にしているが、不十分なので自前で二週間に一度、日立系の企業に二万円払って分析してもらっているとのこと。このあたりは、飯舘の水が源であり、放射能を含む山林樹木がどうなるのか、今後が心配だという。

鈴木栄一社長の話を伺う

鈴木栄一社長は、丸三製紙という企業などと、これらの材木をエタノールの生産に結びつける方法がないかと探っているとのこと。鈴木さんの作業場に、南相馬市議会議員の奥村健郎さんがわざわざ来てくれる。奥村さんの自宅は、福島第一原発から二〇・一キロにあるとのこと。市内二万五〇〇〇人が全国六〇〇カ所に避難し、田植えは全てダメになった。土壌のサンプルをとって調べている。市の南部の原発二〇キロ圏内からは一万四〇〇〇人（四〇〇〇世帯）が避難し、市内鹿島区に一六〇〇戸の仮設住宅をつくっている。

†飯舘村に初めて入る――菅野宗夫さん・千恵子さん夫妻との出会い

二〇一一年六月六日、福島でできることを探すべく、私を含む一六名の旧友たちが、大石ゆい子さんの案内で飯舘村に向かった。旅は、全村避難で混乱する飯舘村を最後に終了する予定だった。南相馬市から八木沢峠を越えて飯舘村に入った。少しずつ放射線量が上がり始める。緑の森林と起伏のある丘と美しい牧場と畑が展開している。曲がりくねった農道を走り佐須地区の菅野宗夫さん宅を訪ねる。大石さんと私たち一六名がこたつに炭火が入っている居間に上がりこんで、二時間ぐらいお話を聞く。宗夫さん・千恵子さん夫妻は、次男おじいさん（八八歳）、息子さん夫妻と孫二人で農業・畜産・林業をしてきた。息子さん夫婦と孫を村外に避難させている。村の農業委員会会長であり、見守り隊隊長を兼ねている。

目の前の小川の橋の向こうの牛舎に、まだ一一頭の牛がいた。すぐ上の牧場の牧草で牛の飼料をつくり、牛糞を混ぜた堆肥で土づくりをし、コメや野菜や花をつくる山村の典型的な循環型農業を一家で営む専業農家だった。宗夫さんはまた、帯広畜産大学で勉強した後、故郷にすぐ帰り地域の仲間で酪農同志会をつくり、農産物を東京築地本願寺の安穏朝市に出荷するなどの安心な農作物を丁寧に（までぃに）つくり産地直送を試みる先進農家だった。一九七〇年代

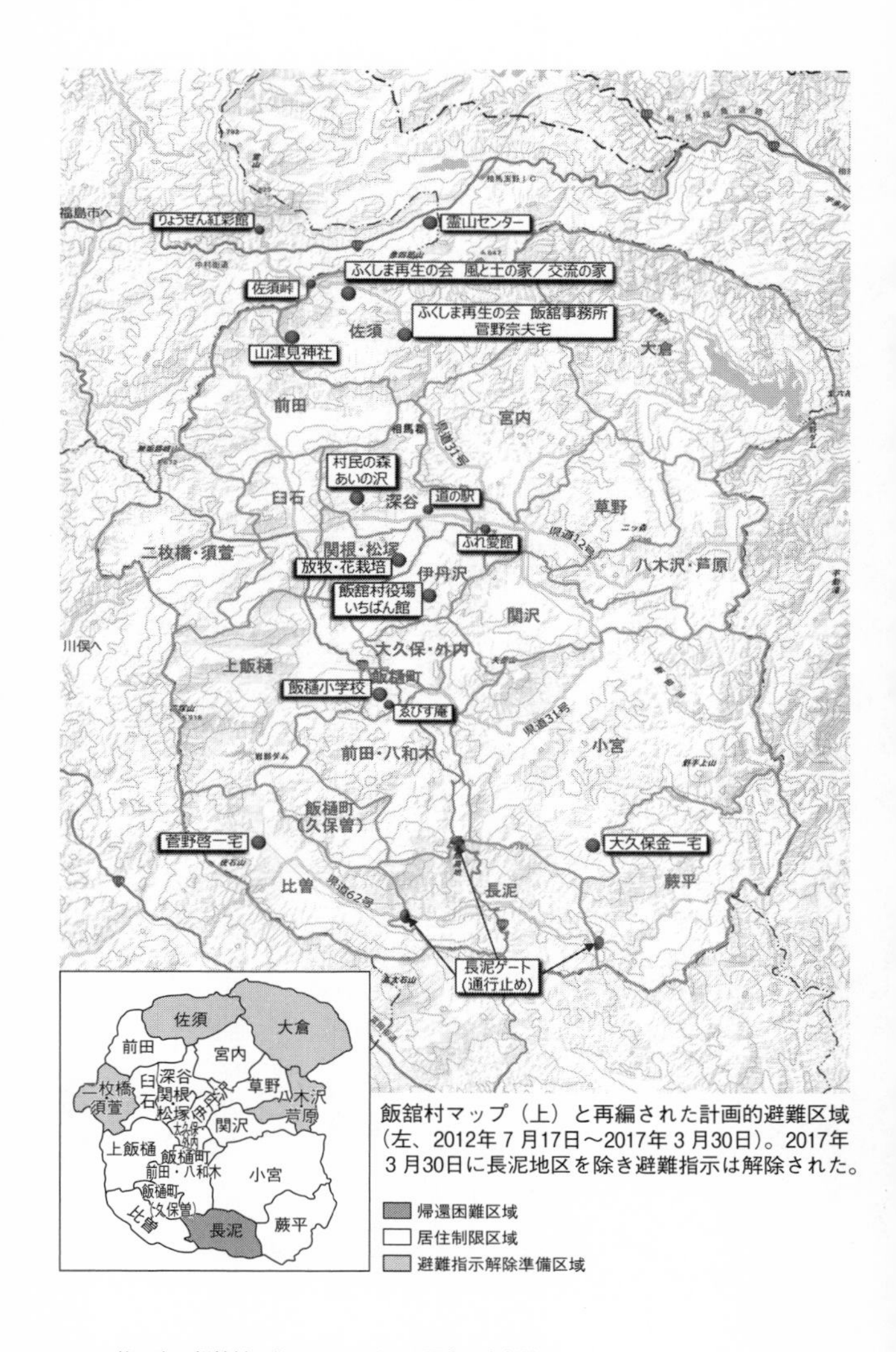

飯舘村マップ（上）と再編された計画的避難区域（左、2012年７月17日〜2017年３月30日）。2017年３月30日に長泥地区を除き避難指示は解除された。

から岩手県田野畑村や長野県鬼無里（きなさ）村（現長野市鬼無里）などの山里で子供の自然体験キャンプの仕事をしていた私は、どんな人なのかすぐに理解ができた。

宗夫さんによると原発事故当初、政府・県委託の学者・健康アドバイザーなどは、安全だ、大丈夫だと言ってきたので、飯舘村も避難民を一五〇〇人も受け入れていたそうだ。政府は四月になって突然、計画的に避難せよと言ってきた。学者も政府が何で方針を変えたのかを何も言わない。国は何もやらない。こうなると、安全か危険かは地元が判断するしかない。農水大臣に全村地域を貸すから回復して返せと直接要求したら、「努力します」との返事しかよこさなかった。農水省研究総括官が来て三研究機関を動員し、わずか一・五ヘクタールの農地にヒマワリを植えていった。予算が四・九億円とも聞いたが、やるなら全村をやってみてほしい。特に七五％の森林をどうするのか。帰農して自由な農業ができる展望があるのか。いろんな規制があると、個人で自由な農業をやれというのは難しいだろう。何らかの新しい仕組みをつくってやるしかないのだ。

この時すでに村民の三分の二が避難し、六月二〇日には全村民避難の予定であった。

これから牛たちと別れて村外に避難するという宗夫さん宅で、この状況では私たちにできることはないだろうという考えが私の頭をよぎり表情に現れた。その疑問にすぐ反応した宗夫さんは、このメンバーが今後来村するなら、避難先からその時間に合わせて村に戻り活動に付き

菅野宗夫宅前で、私が撮影した旧友たち。10年後の現在も会員として活動中。

前列左から
土器屋由紀子（元気象研・元江戸川大学教授・ＮＰＯ富士山測候所を活用する会理事、現在本会理事）、伊井一夫（元ロンザジャパン事業部長、理学博士、現在本会理事）、愛澤革（詩人）、若林一平（元文教大学国際文化研究科教授）、山下了（中腰の２人のうち後ろ、東京大学素粒子物理国際研究センター教授、理学博士）、佐々木宏人（中腰の２人のうち前、元毎日新聞社経済部部長）、森本晶子（元高校教師、生物学、現在本会理事）

後列左から
石川佳代（元教師、元横浜市ウィメンズセンター職員、蜷川幸男さいたまゴールド・シアター劇団員）、角田英一（渥美国際交流財団理事、ＳＧＲＡ担当）、三吉譲（精神科医、三吉クリニック院長、現在本会理事）、大石ゆい子（本ツアーコーディネーター、相馬市在住、おひさまの会代表）、菅野宗夫（撮影時：飯舘村農業委員会会長、専業農家、現在：飯舘村佐須行政区長、本会福島代表・副理事長、飯舘電力㈱代表取締役社長）、大永貴規（遊域計画㈱社長、都市農村交流推進センター副理事長、本会副理事長）、渡辺典孝（元ITベンチャー社長）、木舟正（元東京大学宇宙線研究所教授）、大久保紀彦（元三井物産㈱無機肥料本部次長）、渡辺元彦（詩人、ペンキ屋）

合うと言った。その場で協働することを確認した。これが「ふくしま再生の会」の誕生の瞬間だった。

協働の原則

菅野宗夫さん宅の居間の炬燵でワイワイと話しながら、私は畳の上にある全国農業新聞を何げなく見た。そこに宗夫さんが講演した要旨が載っていた。それは以下の三つの項目だった。

①明確な人災である。
②原子力発電所は、そもそも事故を収束させる技術を当然持っているべきである。
③村民が帰村して、安心して農業を営み生活できる施策を打つべきである。

以上三つの主張は極めて明快であり全く当然の視点である。政府・東電などの関係者は、この三点にNOと言うのだろうか？　YESと答えれば、やらなければならないことは明確になる。全関係者に、菅直人首相がこの三点を方針とし迅速に実行せよと言い続ければよいだけである。①は全責任者・関係者の処分に至るだろう、②は全原発の存廃を決着することになるだろう、③は飯舘村を含む放射線汚染地域でやるべきことが明確になるだろう。

私はこれだ、と思った。さらに私から、この事故は福島だけの問題ではなく世界の問題であるという項目を付け加えた。私はこれが協働の原則になると言うと、宗夫さんも同意した。もちろん、大永貴規君・三吉譲君も同意し、協働の会の発起人として動き出した。

さらに、協働の中身として、避難中の留守宅、農地、山林などを使って調査と実験を行っていくことを確認し、得られたデータを地域再生のために村民・社会・行政へ提供し提言を行うという点でも合意した。多くの人たちが行動する原則を、このようなスピードで確認しすぐ行動を始めた経験は、動きが速いと言われている私でも初めてのことである。これは菅野宗夫という人の前向きにすぐ行動し、人を信頼するという優れた感性に偶然出会ったからであり、その後の会の活動の基礎になったのである。

†調査・交流・実験・行動計画の起草

東京に戻った私たち発起人は、ただちに具体的な計画づくりを行った。以下に全文を引用する。この計画は今日まで一〇年間、まったく修正の必要がないまま実行されてきた。

1　趣旨

世界・アジア・日本の社会に大きな衝撃を与えた東日本大震災・津波・原発事故により、私たちの意識は、根底から大きく揺さぶられています。被災地の人々は、瞬時に多くの生命と日常生活を根こそぎ奪われ、大地震・津波被害・原発事故の実態が明らかになるにつれ、今後の復興への道の困難さが浮き彫りになっております。

さらに、現代科学技術史上最悪の原子力発電所事故という人災は、未だ終息への見通しも立たない混乱状態の中にあります。技術的な終息への試行錯誤が長期間にわたり続き、それにたずさわる多くの作業者への健康被害は増加し続けるでしょう。

さらに、原子力発電所の周辺数十キロに及ぶ広範囲な地域の数十万の住民は、終息の見通しを示されないまま、長期間にわたり強制避難を強いられ、その生活基盤を奪われ、家族や地域の伝統と人間関係を壊されつつあります。

この東京電力福島第一原子力発電所事故は、長年の日本政府による原子力政策の結果であり、原子力委員会・原子力安全委員会、原子力・安全保安院、東京電力、学術専門家集団、関係産業界さらにはマスメディア・評論家による集団的・犯罪的人災であることは明確です。

私たちはこの二一世紀初頭に、大自然の大きな力の前に人間が翻弄され、さらに安易に自然をコントロールできるという慢心の上に敗北した原発事故と言う三重苦の福島地域において、自然の力の前に謙虚に学びつつ長期間にわたり、自然を構成する空気・土・水・海・植物・動物そして人間の営みの本来の姿を復活させていかなければならないと思います。

このためには、被災を自分のものとして自立的に考える諸個人・諸国民、農林水産・牧畜などの知恵を持つ人々、自然を観察し分析するさまざまな技術を持つ人々が集まり、被災住民とともに学びつつ、本来の自然とそれらと共生する人間の生活を復活させる必要があります。

この中で、長期にわたる原発の廃炉過程を看視し、最終的な自然にもどる姿を見届けたいと思います。

2　活動内容

①テーマ――福島復興に向けた調査・交流・実験・行動
②組織――趣旨に賛同する個人会員による自主的な活動。会員による調査・実験・交流・実行を図る。企業・組織の物資提供、経済支援、専門知識の提供、人的支援を得る。
③活動拠点――避難を余儀なくされた地域の土地家屋を有償・有期限で借用し、自然と生活を復活再生させるための調査・実証実験・交流・事業実施を実行する。災害地の安全が確認でき、農林業・水産業・牧畜業が可能な状態が回復できた段階で持ち主に返還する。または持ち主の意思でいつでもお返しする。
④情報受発信――「インターネット放送局」を開設し、リアルタイム情報を提供し地域外に強制移住を余儀なくされた被災住民が故郷の状況を常時見られるようにする。また、建物・環境・法律問題・健康問題などの専門家ボランティア・ネットワークを構築し、総合生活相談の体制を組む。
⑤国際協力――海外からの日本留学生・在日諸国民等の参加を得て、世界の経験を活かした計画の展開を図る。また日本での被災と復興活動の知見・ノウハウを蓄積・公開することで、災害対策に向けた国際交流を進める。
⑥財政と運営――一人月一〇〇〇円の会費運営。事業運営費用。専従的なスタッフに生活費・交通費保障。ボランティアなどの支援。個人法人の寄付会員を募る。

3　急がれるプロジェクト

調査・実証・事業化を必要とするプロジェクトは、現場での活動の中から生まれてきます。具体的には参加会員が〝この指とまれ〟方式のプロジェクトを提案し、地元協議を経て「インターネット放送局」などで参加を要請、会員が自由に参加する方式をとります。

現時点でも以下の取り組みの必要性が確認されています。

①自由度の高いボランティア活動・滞在拠点

復興再生活動は、緊急避難の段階から徐々に長期スパンでの対応を必要とし、ボランティアも〝長期に亘ってできることをやる〟ことが求められ、シニアの経験を活かす舞台、ボランティアのたまり場が必要であり「自然と生活の再生の拠点」がその役割を担います。

②インターネット放送局の開設によるネットワークづくりと総合生活相談システム

上述したように、被災地と避難地、住民とボランティア・専門家、日本とアジア・世界をつなぐリアルタイムの情報ネットワークにより、現実問題の解決を図るとともに、世界の絆・つながりを維持していく必要があります。

③放射線量の計測・リアルタイムの伝達

放射線からの安全は、科学的データで判断しましょう。健康に最も影響のある空気の線量はリアルタイム、水・海水の線量は定時観測、食べ物は個別測定で、全てが公表される必要があります。そのための機器の装備と専門家が必要です。

④土壌除染のための植物栽培実証実験

土壌放射能の除染が急務となっています。さまざまな植物を植え、放射能吸収率を計測して有効な除染方法を探し、また放射能を蓄積した植物の処理方式の実証を行います。

⑤海藻栽培による海の浄化実証実験

海中・海底の放射性物質の除去が必要です。海藻養殖などによる海底汚染堆積物除去の効果を実証実験します。

⑥地域経済再生計画の実証実験

農業・漁業が地域の基幹産業である東日本被災地が〝安全な食材供給地〟となるためのアイデアと実証実験を実施し、地域の生業の復活を目指します。たとえば、先端的ハウス、土壌汚染の影響を受けない養液栽培、陸上養殖などによる安全食材生産の可能性を検証します。

⑦自然エネルギー実証実験

企業の協力を得て、制御不能な原発へのエネルギー依存度を低減し、自然エネルギーの可能性を実証実験し、地域経済再生の足がかりとします。

⑧その他

自然と生活の再生に必要なあらゆる試みを実行していきます。

†自由な雰囲気で再生の協働作業開始

私たちふくしま再生の会は、今日まで当初の「調査・交流・実験・行動計画」を忠実に実行してきたと言える。常に現地で自分たちの目で確認した事実によって、再生の可能性を追求する態度をもとにしている。真の意味での科学的姿勢、絶えず試行し挑戦する姿勢、政治的思惑・恐怖などの感情などを避ける姿勢、いろいろな束縛から自由でいる姿勢などが会の雰囲気になっている。特に原発の絶対安全神話を信仰し、その既得権益集団から逃れられない人々にも、現場を見て現実に何が起こっているのかを直視することを期待している。

どんな組織の人でも、私たちの現場に興味を持つ人はすべて受け入れて、現場を説明し質疑する姿勢を貫いてきた。ふくしま再生の会に入りたいという人は、誰でも受け入れ、会員間の率直な議論に参加してもらうのである。

現実の被害をまともに見れば、原発が安全で再稼働するべきとか、福島はもう駄目だから逃げろという極論はおかしいと思う人が多くなるはずなのだ。

第四章　試行錯誤——二〇一一年六月～二〇一二年二月

原発事故で全村避難させられて無人となった飯舘村の現地で、その再生のために何をしたらよいのか。阿武隈山系の海抜四〇〇～六〇〇メートルの高原状の村は、七五％が森林であり、二五〇〇ヘクタールの農地とともに村民の生活の場となってきた。そこに膨大な放射性物質が降り注ぎ、それから放出される目には見えないガンマ線があらゆる方向に飛び交っている。

このような環境で、森林と農地と生活の場をどうやって取り戻し、再生していくのか。それは誰も経験したことのない「仕事」であり、その方法も必要な時間もわからない。私たちは、その「仕事」をやると決めてしまったのである。

なおこの「仕事」の意味は、飯舘村での活動を継続していく中で数年後に理解し整理することができた（終章参照）。

†二〇一一年六月——放射線量の測定開始

六月六日の私たちと菅野宗夫さんとの確認をもとに、東京やつくばの高エネルギー加速器研究機構（KEK）ではさっそく活動の準備が始まった。三月一一日以来、私と一緒に現地活動をしていたKEKの鈴木厚人機構長・佐々木慎一教授・石川正准教授・佐波俊哉准教授・岩瀬広助教など高エネルギー物理学研究者・放射線計測専門家有志は、飯舘村の活動を一緒にやることに意思一致していた。

そこですぐに、環境放射線測定を軸にした活動計画作成と機器の準備に取り掛かり、六月一九日に飯舘村を再訪問することに決めた。KEKの研究者たちは、新しいタイプの測定システムなどを不眠不休で準備してくれた。私と宗夫さんが菅野典雄村長に面会し活動の計画を伝えたところ、「村民と一緒なら自由にやってくれ」と言われ、村内活動が実質的に公認された。

六月一九日には、KEKが大型モニタ、サーベイメータ、ポケット積算線量計を準備し、私や大永貴規さんなど数人の会員とKEKの石川正さん、岩瀬広さんで全村を回って測定を開始した。村内の場所によって、かなり高い場所がある。南部へ行くほど高い。長泥（ながどろ）の最南端、浪江町との境まで行く。手七郎（てしちろう）（テッチロ）は一八〜二二μSv/h、いちづく坂峠（道端）は三五μSv/h、村役場前の電光掲示板の表示は四・一四μSv/hであった。

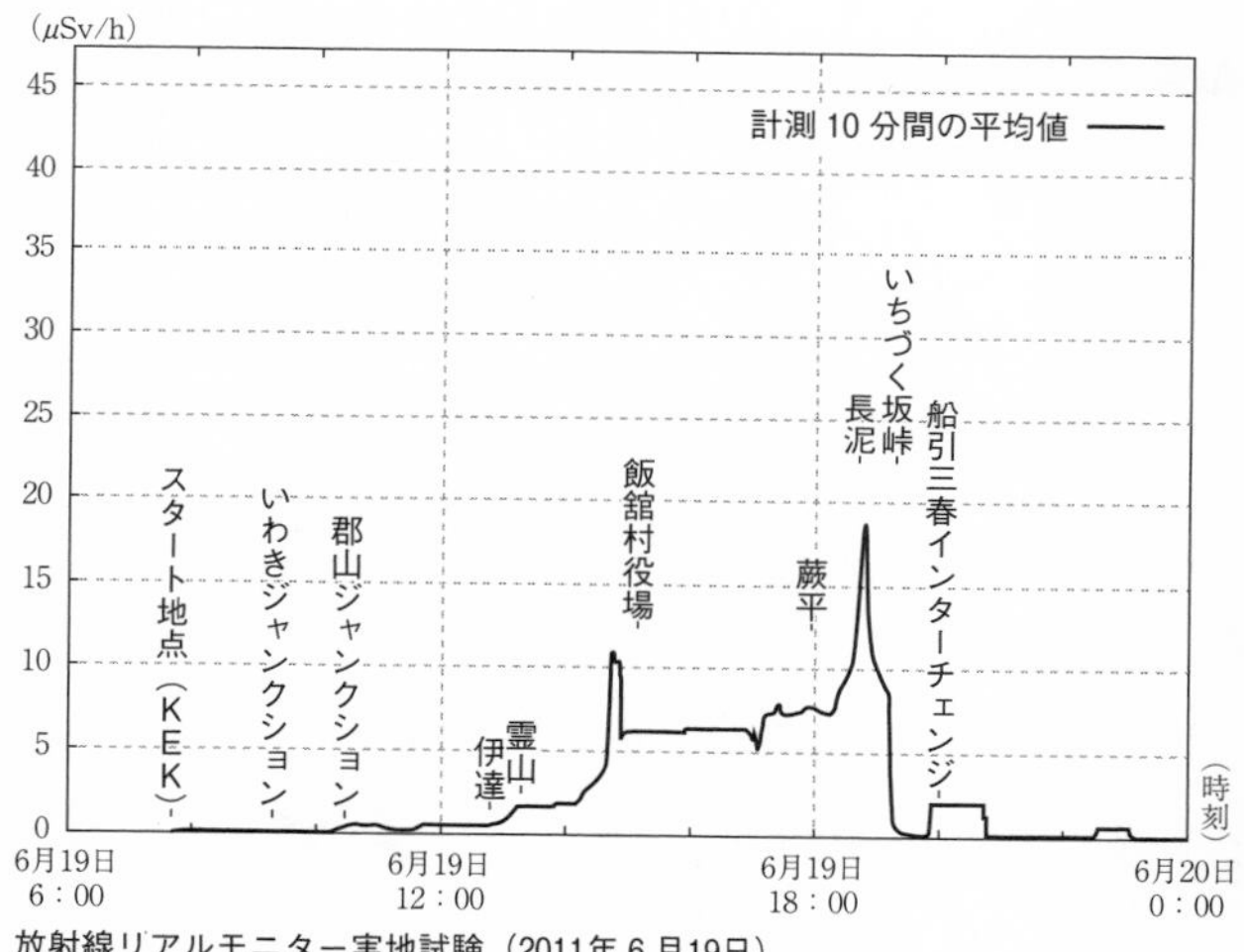

放射線リアルモニター実地試験（2011年6月19日）

無人の村内で、室内・戸外・村内作業所・農場・山林などでの放射線計測を即日実施したが、早急に本格的に持続的な計測と伝達の体制をつくる必要がある。それは自動車・自転車・歩行用の放射線モニタを村民とボランティアが共同して計画的に動かすことであり、また集積したデータを見やすく表現し、住民・関係者がいつでも見られるようにすることであると私は考えた。

（1）放射線リアルモニタによる計測

飯舘村再生に向けた活動の全ては、汚染の実態を知り現実をベースとした対策を検討することから始まる。外から危険だ、安全だという話ではない。この基本の考えで一致している大学・研究機関の研究者の協力を得て計

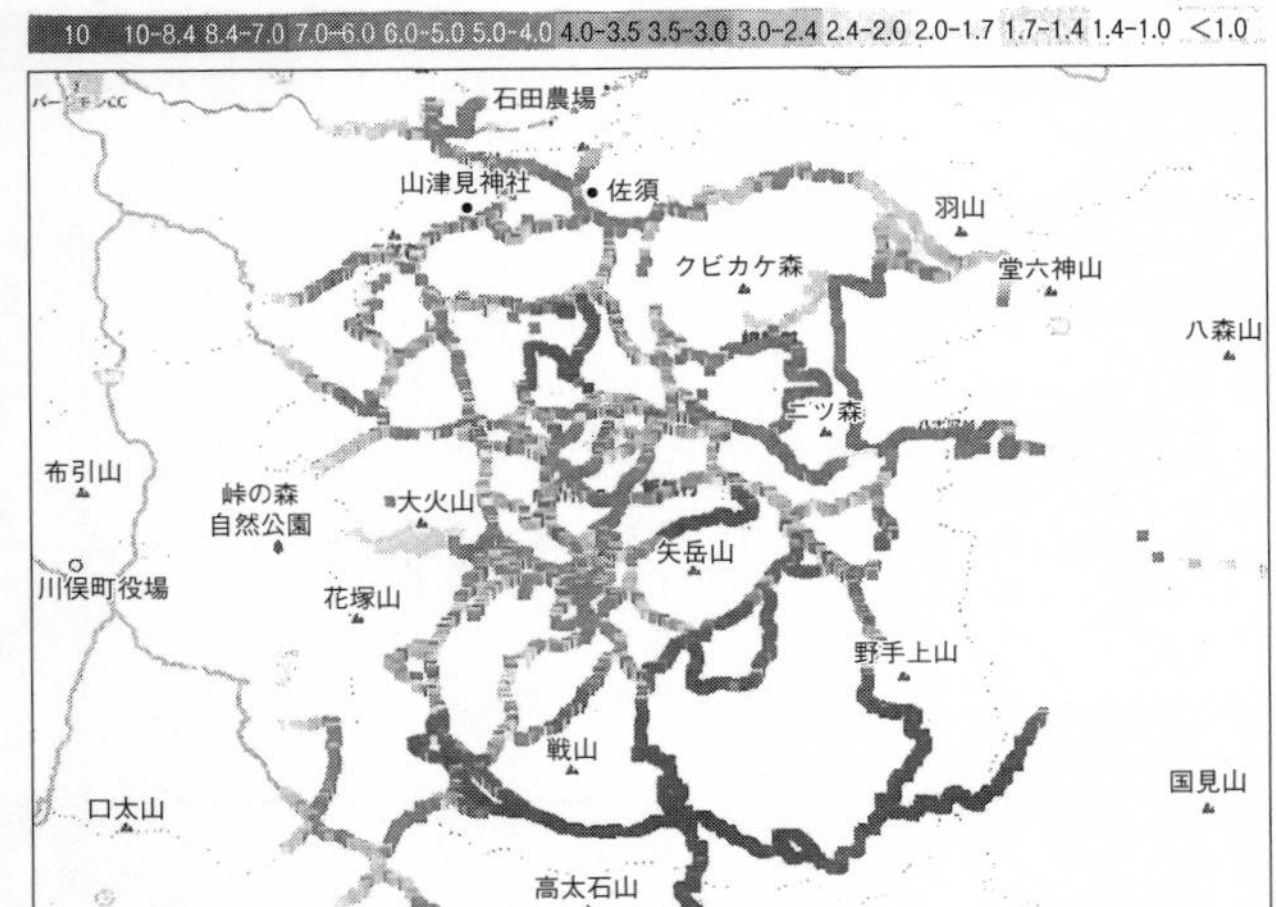

飯舘村全域の放射線量分布（2011年6月19日）

測を続けていく。自動車にモニタを積み計測しながら走ると、測定値が携帯電話網経由で「ふくしま再生の会」のサーバーに集められ、数分後には線量グラフが表示される仕組みをKEKメンバーがつくった。

（2）飯舘村全域の放射線量分布

村全体を計測すると、南半分の汚染がより大きいことがわかる。また同じ村内でも汚染の程度が大きく異なり、より詳細な測定が必要である。

（3）各地の詳細な放射線量測定により得られること

①ホットスポットを見出す

・高線量の場所を探し、住民・関係者の活動の参考にする。

・除染の対象（たとえば、コケ・側溝の粘土だまりなど）を探し、除去する。

②コールドスポットを探す

・安全な場所を探す、安全な場所を拡大する。

・地域で一律ではないことを確認し、国・県の調査データを検証する。

③放射線量の変化を調べる

・放射線量の時系列変化から、有効な除染方法を確認し取り組みを拡大する。

④まさかに備える

・定点で常時計測を続け、村民がいつでも計測値を見ることができる仕組みをつくり、まさかの事態に備える。

⑤住民が、今後の見通しに関する基本情報を得られる

（4）詳細マップの作成

放射線量計測器の改良により測定精度が上がったので、全地域調査が効率的に行えるようになった。より細部にわたる道路の走行調査が必要である。農道・林道などにも入って測定するためには、村民との共同作業が必要である。村内全戸の継続的放射線量調査ができれば、過去から将来への放射線量の変化を各戸ごとに見ることができる。これにより、周辺環境の変化や除染効果を確認することができる。

(5) 主要ポイントの定点計測

村内主要ポイントの定点計測を実施し、全地域の放射線量を推定する。

・飯舘村佐須字滑　菅野宗夫宅
・飯舘村佐須中心　菅野永徳宅
・飯舘村明神岳周辺
・飯舘村東北大学惑星観測所(予定)
・その他、山林・水系の観測網を充実する
・南相馬市　NPO実践まちづくり
・今後、原発周辺の総合的な観測網を確立したい

二〇一一年七月──除染テストと多くの課題

二〇一一年の夏は異常な猛暑だったが、庶民の節電の努力もあり電力不足といわれた事態は乗り切った。乗り切れるとなると、原発がなければどうにもならないと言ってきた手前、政府や東京電力には都合が悪いのかもしれない。飯舘村を中心とする「ふくしま再生の会」の活動は、酷暑の中で多くの人が奮闘し盛り上がりを見せた。

酪農の復活を考えるために獣医関係の人も参加し、現地の状況を把握してもらった。

放射能を浴びた牧場の牧草と土壌をどうするか、いつ、どのように畜産を回復できるのかが課題である。飯舘村の農業は複合型であり、山林・水系・牧場・田畑・ハウスなどは循環システムの要素である。これらを再生するためには、どこからどのように手をつけるべきか、この循環システムの一部に制限がある場合にも、全システムを動かすことができるのか。多くの課題が出てきている。

さらに、いま実っているブルーベリーは食べられるのか、ジャムにしてもいいのか、ウメ・ニンニク・タマネギなどはどうすればいいのか、米以外にも麦や高原野菜などをどう扱っていくのかなどの農家の人々の疑問にどう答えたらよいのであろうか。専門家でも狭い視野では答えられないかもしれない。今後の見通しが問われている。

飯舘村で牛の飼育は、どのような条件で再開できるか、牧場は土壌も牧草もまわりの山林も、比較的高い放射線量を示している。しかし、牧舎はかなり低い。エサを外から購入すれば一〇カ月ぐらいの繁殖牛飼育は可能か、二～三年の肥育牛を他の地域へ移した場合、放射能の影響はどうなるのか。畜産研究者などで、これにきちっと答え取り組む人たちは存在するのであろうか。まずは現場の状況を正確に把握することから「専門家」は始めるべきではないだろうか。

私たちは七月一七～一八日に総勢一七名で、放射線量計測とリアルタイム計測器の設置作業、光回線・インターネット環境の整備、家屋と周辺環境の除染テスト、植物による土壌除染などの作業を行った。

光回線・インターネット環境の整備によるネットワークづくり

菅野宗夫さん宅に、光回線を接続し、インターネット環境を整備した。菅野永徳さん宅に放射線モニタを設置している。これにより飯舘村からの情報受発信の環境が整った。

全村放射線マップづくりの基地として環境整備が進んでいる。被災地と避難地、住民とボランティア・専門家、飯舘村とアジア・世界をつなぐリアルタイムの情報ネットワークをつくり、地域の絆・つながりを維持・創出する計画である。

家屋の除染

家屋と周辺環境の除染テスト

七月に高圧洗浄機を使って、屋根・壁・庭舗装部分の洗浄を行った。洗浄前後の放射線量は、雨どいなど高濃度の部分では大きく下がったが、全般的には期待したほどの低下は見られていない。八月には、屋根職人を頼み屋根瓦を四枚採取した。塩酸などに一定時間漬けたり、粉末ドライアイスの高速吹付などを試みているが、良い結果は得られていない。家を周回する溝をつくり樋を接続し、一カ所に雨水を集めて継続測定を行う。裏山からの土砂の流れを継続測定する。

植物による土壌除染

活動開始後すぐ会員として参加した鮫島宗明さん（元農水省生物資源研究所研究室長、元日本新党衆議院議員）からセシウム吸収力の高いソルガムなどの植物を植えてみたらという提案があった。植物による土壌除染ファイトレメディエーション（生物機能を活用して汚染した環境を修復すること）とバイオマス生産である。

田畑や牧場の除染方法を探していた私たちはすぐこのアイデアに飛びついた。種まき時期が迫っているというので、七月二三日〜二四日、八月六日と連続して彼の実験計画法にのっとり種まきを行った。畑ではよかったのだが、炎天下の牧場の作業には、みんな参ってしまった。それでも頑張って、牧草地二〇×三〇メートルを刈り取り、ソルガム「つちたろう」の植え付けを準備した。また刈り取った牧草を少し離れた堆肥舎に積み上げ、早急な腐植・減量実験の準備を行った。暑さの中の作業で、精神科医の三吉譲さん、ＫＥＫの石川正さんは蟹股でフラフラになりながら頑張った。登山家の斎藤健一さんは、足腰はしっかりしているが牧草を刈り取って軽トラックに積み上げる作業で放射線の影響を気にしていた（なお、農水大臣が飯舘村に来て大々的にヒマワリ除染に四・七億円を投入しその宣伝を行ったが、やはり私たちと同様にうまくいかなかった)。

七月二三日~二四日は、総勢八名で、畑と牧場に計画的に試験区を設け、地上一メートル、地表、地表内五センチと一五センチなどの放射線量を記録し、ソルガムという植物の種まきを実施した。炎天下の中の厳しい作業となったが、ほとんど農作業経験のない都会住まいの人たちが汗みどろになって頑張った。南相馬の人とも共働することができ始めた(詳細は「ふくしま再生の会」事務局報告を参照)。

†二〇一一年八月——除染・測定・実験

八月六日~八月八日の三日間にわたり総勢二〇名以上が作業に加わった。北は帯広、南は京都、さらに神奈川県湘南、つくば、国分寺、そして都内駒込からレンタカー組と、全国各地から集合してきた人々である。いろいろな専門家や職業の人が、自分がやれそうなチームに初対面だが即席で入って多種の作業を実行した。以下が作業内容である。

牧場のソルガム播種班

ファイトレメディエーションを実施するため、作業所周辺の畑約一〇〇〇㎡、牧草地約一〇〇〇㎡を対象として、汚染度を計測し、セシウムを吸収すると言われるソルガムを播種した。

具体的には、以下の作業を実施した。
区画割り――五×五メートルの区画を、畑・牧場各二〇~三〇区画割り付けた。
畑・牧場の放射線量計測――土の表面、一メートルの高さの放射線量を計測した。
土中の放射能測定――検土杖という器具を用いて、各区画の中央において地表〇~五センチ、一五~二〇センチの土を採取。セシウムの濃度を計測した。
ソルガムの播種――セシウムの吸収力が強いと言われるソルガム「つちたろう」を播種した。
二〇一一年八月一四日時点で、二〇センチ程度に生育。

ソルガムの播種

除草の堆肥化班

牧草地や田畑に生えている雑草にはセシウムが吸収されている可能性がある。また、今後ファイトレメディエーションにおいて刈り取られた植物も同様である。これらを処理するためには体積を減らすことが必要となる。堆肥を作成する要領で雑草の体積を減らす実験を行った。

村内放射線測定班

リアルタイムの放射線量計測器を設置し、遠隔地（つくばＫＥＫの研究室）で常時放射線量を計測・分析する仕組みが構築された。また、この計測器を車載して村内の放射線量を連続的に測定し、つくばで分析中。結果の分析から汚染マップを作成する。

水系のセシウム濾過実験班

小川にゼオライトや活性炭入りの土嚢を入れて、前後のセシウム量を測ろうというものである。この背景には、飯舘村の人たちは主に山の民であり、森林を大切にしていること、そこに積もってしまったセシウムがどのように下流域あるいは海へ流れるか、自分のこととして心配しているのである。「ほっとけばセシウムは雨で海のほうに流されて、自然にきれいになるよ」などというマスコミに登場する訳知り顔の「専門家」や「評論家」の浅薄な言説とは全く違うのである。自然の中で循環型の生産と生活を行ってきた農家は消費者への責任をよく考えている。さらに、相馬地方の水源地としての責任もよく考えているという事実を私たちは認識するべきなのだ。

畜産の再生に対する提案を討議

自然の中の生産システムで重要な畜産をどうやって再生していくかという課題である。除染のプロセスと畜産再生のプロセスがいつどこで重なり合うのか、アイデアは多く出され始めているが、まだ、二〇二〇年の今も具体的な道は見えていない。

森林の再生へ向けてのスギ林の調査とサンプル採取

森林再生は、飯舘村再生のカギを握っていると考えられるが、政府等にその動きはまったくない。関係者にその認識がなく単に知らないのかもしれない。森林に多くを依拠している日本列島で、林業の弱体化は明確である。六月二五〜二六日の調査で広葉樹林の落葉に、放射能が多く付着していることを確認した。膨大な落葉のかきだしが急務だが、その作業量を考えると対策の具体化は私たちの手に余るかもしれないという事実を報告した。

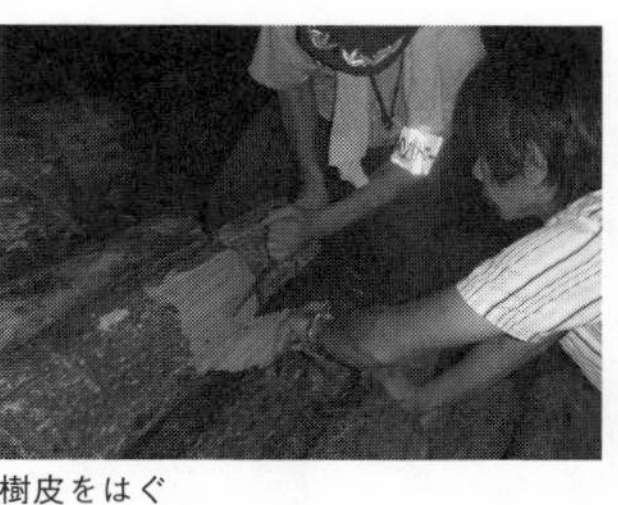
樹皮をはぐ

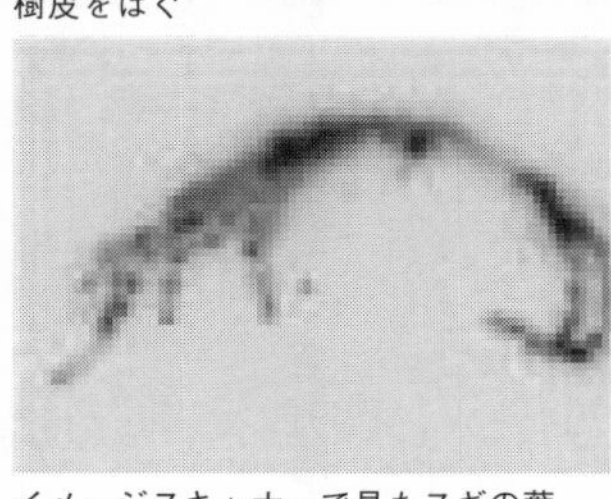
イメージスキャナーで見たスギの葉

今回は、五月から七月にかけて伐採された針葉樹林帯に入り、スギ林の幹の皮や葉、輪切りの木片を採取して、放射能の分布を調べることにした。私の直感では、植林されたスギの木などは、その樹皮にセシウムが付着しているのであり、数ミリをはぎとり処理すれば、健全な木材が得られるのではないか、と仮説を立てている。これが実証できれば、林業の一部再生は可能性が増すと考えられる。

✝東北大学の天体観測所の発見——放射線観測でも協力関係をつくる

八月二〇〜二一日は三人だけの飯舘村行きであったが、車に移動型放射線モニタを積み、村内地図をにらみながらきめ細かく走ることにした。特に、村民もあまり踏み込まない前田地区の荒れた村道へ入ってみた。道は背の高い草に覆われつつあり、ところどころ道の真ん中を二〇〜三〇センチ以上の泥や水流による割れ目が曲がりくねっている。Uターンもできない昼も暗い樹林帯を登り下りして奥へ進む。私はこういう運転がうまいと自負している。

放射線量は徐々に上がっていく。六〜九μSv/hあたりである。村道が峠に差し掛かると鍵のかかった門扉があった。車を降りて塀を乗り越えて丘を越えると目前に映画『未知との遭遇』のような光景があらわれた。飯舘村全村を見渡せて、はるか福島第一原発まで見渡せそうな頂上に出た。

それは、東北大学大学院理学研究科が設置した惑星圏飯舘観測所であった。丘の上に屋上にドームのある三階建ての天体観測所があり、その一段下の平地に高さ三〇〜四〇メートルの双曲面を二つもつ巨大なパラボラアンテナが建っていた。この巨大なアンテナは東北大学からのリモートコントロールで角度を変えながら動いている。全村避難で静まり返った森は、木も草も自然に帰る勢いを増している。史上最悪の事故を起こした原発事故現場を遥かに見渡す山頂に、木星からのシンクロトロン放射を観測している巨大な科学施設が存在している。この現実は決してスピルバーグの映画ではないのだと、自分に言い聞かせながら暗い悪路から脱出するべく下り道を慎重に運転した。

ＫＥＫの鈴木厚人機構長は東北大学理学研究科出身なので、すぐに東北大学惑星圏飯舘観測所に連絡するよう依頼し、その後私が仙台の東北大学を訪問し、岡野章一主任教授や三澤浩昭准教授と相互協力を約束した。一二月には、東北大学研究者グループが飯舘村を訪問し、協力して観測所を活用していくことを確認し今日まで続いている。

二〇一二年三月二日～三日に、その協力プロジェク

東北大学惑星圏飯舘観測所
神輿完成の図
観測所研究棟

トの第一弾として、観測所にKEKの放射線モニタを設置することになった。設置するモニタはKEKのメンバーが二日に持ち込み、測定データをサーバーに上げる設定とテストが完了していた。前田の公民館で東北大のメンバーと待ち合わせて、そこから車で観測所まで上げるという段取りであった。

ところが先週に続き、なぜか私たちが村に入る週末は大雪で、ただでさえ四輪駆動でなければ上がれない山道は平均で三〇センチくらい、吹きだまりは五〇センチもの雪が積もっており、とても車では上がれない状況。しかも放射線モニタは両手で持てないほど大きく重い。どうしたものかと思案した挙句、急きょ宗夫さんに連絡をとって「背負子(しょいこ)はないでしょうか?」とお願いしたところ、宗夫さんが用意してくれたのは写真(中)にあるような「神輿」だった。実際に上まで上げてみてわかったが、この神輿は雪の山道では最強だった。さすが宗夫さん、山のことなら何でもわかっている。ともあれ雪の中、大汗をかきながら観測所までモニタを持ち込み、無事設置完了した。その後今日まで、データは順調にサーバーに届いている。

これで、南相馬市、飯舘村佐須地区、惑星圏飯舘観測所という三カ所に同型のモニタが設置され、各地の線量の経時変化を記録することができるようになった。定点観測箇所はさらに増やしていく計画だ。

†二〇一一年九月――山林の除染の試み・落ち葉吸引作戦

山林でのテスト計測で、次のような傾向があると推測した。

針葉樹林では、地表／地上一メートル／落ち葉などであまり放射線強度の変化がない。木の上部の葉と樹皮にセシウムが付着している可能性がある。樹皮から数ミリをはがした幹については、放射性物質で汚染されている可能性は低い。早期に伐採した場合は、木材として使える可能性がある。一方、広葉樹林では地表に近いほど高い線量で、特に落ち葉の線量が高い。この落ち葉をかき出せば放射線量は二分の一～三分の一に減少する可能性がある。しかし、膨大な人力が必要であること、かき集めた落ち葉を処理する方法が未開発であることが課題である。

飯舘村の面積は二三〇平方キロ。そのうち七五％が山林である。村内には市街地もあるが、多くの民家が山間地にある。ガンマ線は二〇〇～三〇〇メートルは飛ぶと言われている。文字通り山の斜「面」全体が線源となって飛んでくるガンマ線は、市街地のホットスポットのような点線源とは異なり、距離の逆二乗では弱まらず、付近の空間線量に大きな影響を与えている。

飯舘村の除染のカギは山林にあると言っても過言ではない。しかし、その広大さと作業の困難さゆえに、行政も専門家も思考停止に陥り、「山林の除染は不可能」という結論から先へ進めていないように見える。

当会では、以前から山林の除染の実証実験を重要な課題と考えており、最初の調査においても山林の放射線量測定を行っている。そうした予備調査の結果、広葉樹林では落ち葉（三月一五日頃にはまだ芽吹いておらず、落ち葉が堆積していた）に多くのセシウムが吸着しており、針葉樹林では季節的な落葉がないので木の上のほうにある葉や樹皮に吸着していると推測される。広葉樹林の落ち葉の除去については、一人ひとりシャベルで袋詰めするという方法や（この方法で工数見積すると、一人一日一〇〇平方メートルの除去が可能と仮定して単純計算で一七二・五万人／日。一日一〇〇〇人で三六五日作業したとして、五年弱という計算）、大型の掃除機で落ち葉を吸い込むという方法などが構想された。

トラックローダー

吸引口

除染後の広葉樹林

広葉樹林で、次の葉が落ち、そこに雪が降り積もる前に一度でも実験を行っておきたい。実験の実施が急がれた。落ち葉を吸引するのに適した吸引器（バキューム）を探し求めた結果、トラックローダーという吸引器があることがわかり、小規模な実験には最適と思われた。松戸市にある輸入業者のご厚意で、トラックローダーを実験用にお借りできることになり、落ち葉の吸引実験を行うことになった。九月二九日、まずは現地にトラックローダーを持ち込み、動作テストを行ったところ、十分に動作することが確認できた。

†除染の実証実験――二〇一一年一〇～一一月

除染前のヒノキ林

落ち葉のかき出し

一〇月一五日～一六日に、広葉樹林の落ち葉を除去して除去前の線量との比較を行った。

広葉樹林では落ち葉からの放射線が強い。そこで、落ち葉を除去することによってどれぐらい線量を下げられるかを確認するのが本実験の目的である。

広葉樹林の中に二〇メートル四方の正方形の区域を設定し、四つの頂点、各辺の中点、四つの頂点の中心点、四つの頂点と中心点の中点、という合計一三点において、落ち葉の除去前と後での線量を測定した。

落ち葉は落葉してから一年近くを経過しているため、半ば腐葉土（バラバラに分解され草の根とからまったふわふわの層）化しており、トラックローダーではきれいに吸い取ることができなかったため、熊手でかき出すという方法を採用した。

広葉樹林の除染実験に続いて、一〇月二二日～二三日には針葉樹林の除染実験を行った。針葉樹林（飯舘村ではおもにスギとヒノキ）では季節的な落葉はないので、三月一五日に放射性物質を含む雨が降った際にも、現在と同様に葉が繁った状態であった。

このため、汚染物質の一部は現在も繁っている葉や樹皮に付着し、一部は地面に吸収されていると考えられる。針葉樹林では季節的な落葉はないものの、まったく葉が落ちないわけではなく下枝の光の当たらない部分から落葉し地面に積もった状態になっている。

そのため、針葉樹林においても広葉樹林と同様に下に積もった葉を除去することにより空間線量を落とせるのではないかと期待される。緩斜面にヒノキが植林された山林を実験場として選び、前回と同様に二〇メートル四方の正方形の落ち葉を除去して、一三点において除染前後の線量を記録した。また、針葉樹林においては、今も樹上の葉が汚染されていると推測されるので、木に登って線量を測定した。除去した落ち葉は土嚢二五個となった。袋の表面における線量は約一〇μSv/hと高いので、これらは住居から離れ、コンクリートで遮蔽された状態になっている堆肥小屋（屋根付き）に一時保管する。

一〇月三〇日に現場調査をした、比曽の菅野啓一さん宅裏のミズナラを中心とする広葉樹林に対して一一月五日に再度除染の実証実験を行った。除染方法としては、落ち葉（以前の除染後に落葉したもの、ほとんど線量なし）を除染範囲外にかきだした後、竹箒等で表土約二センチの剝ぎ取りを実施した。目安として樹木の髭根が露出する程度としている。除染後の土壌の表面線量はバックグラウンドを考慮すると三〜五割下がったと思われるが、空間線量は大きく下がらなかった（除染後の空間線量一・六μSv/h程度）。樹木の表面は空間線量より若干高い（一・七〜一・八μSv/h）程度なので伐採では大きな効果は見込めないように思われる。

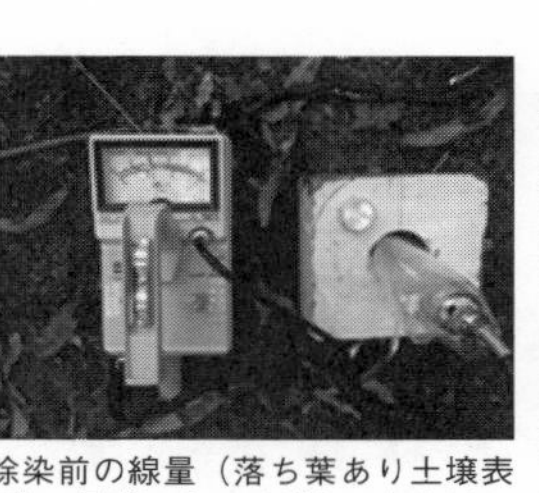
除染前の線量（落ち葉あり土壌表面）、場所によってばらつきあり

菅野宗夫さんの話によると、広葉樹については今年の水あげは終わっていることと根が牛蒡根のため、表面の髭根をこの時期に痛めつけても大きな問題とはならないとのこと。
また、針葉樹については、根が土壌表面近くにしか張っていないので表土剝ぎ取りは使えないと思われるとのことだった。今回のような除染作業の後で土壌表面を固めて取る手法の併用が有効だろうか。なお、除染前後の土壌サンプルを持ち帰ったので、ゲルマニウム半導体検出器（Ge検出器）を用いた元素分析を行ってみることにした。

広葉樹林では、放射能の大半は落ち葉の上にあったと考えられるが、一夏過ぎて落ち葉の多くは腐葉土化していた。落ち葉だけでなく、腐葉土の層にも放射能が存在しており、除染は落ち葉と腐葉土の両方を取る必要がある。針葉樹林では、落ち葉に加え、上空の葉が放射能を蓄えている状態。これらが空間線量にも寄与する。葉は徐々に枝から落ちていくので、長期的には地面に放射能が移行していく。針葉樹林でも落ち葉除去は除染に効果があると思われる。

いま土壌表面にある放射能は、やがて地中および木々へ流出していくと考えられる。飯舘の山全体が重度に汚染する前に、山の放射能の絶対値を可能な限り減らしておきたい。山に対しては、空間線量よりも土壌の放射能濃度を減らす努力が必要であり、そのための継続調査も重要に思われる。

そして、政府の除染モデル実証事業が飯舘村で実施された。この事業は、国から独立行政法人日本原子力研究開発機構（ＪＡＥＡ）へ委託され、ＪＡＥＡが実施事業者を公募したものである（飯舘村は大成建設グループが受託）。この事業では一市町村あたり六億円をかけて特定の区域の除染実証事業が行われる。ふくしま再生の会では、村民有志と協力し、事業が始まる前に対象となる飯舘村草野地区の線量計測を行った。これは、国が実施する除染事業をチェックするための基礎資料となる。会員の吉澤匡さんが開発したＧＰＳ測位機能付き携帯型放射線モニタを使って、飯舘村村民有志が一一月一四日に計測したデータに基づき、放射線マップを作成した。

†被害地域の医療・看護・介護・生活支援サービスを支える連携

一〇月三一日に、私と三吉譲医師で、飯舘村村民が避難している福島市松川町の松川第一仮設住宅を訪問し、自治会委員のミーティングに参加し、ガイドヘルパー（移動介護従事者）導入の説明をした。さらに飯野町の飯舘村仮役場の健康福祉課福祉係を訪問し懇談した。介護を担っていた社会福祉法人いいたて福祉会は避難し、介護事業所はないためガイドヘルパー制度導入に関心を示した。避難者生活支援チーム総括の人と二時間話し合う。

飯舘村松川第一仮設住宅

ガイドヘルパー説明会を一一月一九日に松川仮設住宅の集会室で開催することで合意した。ふくしま再生の会が主催し、飯舘村後援。藤沢から三吉譲医師、相澤力医師、北村充成ソーシャルワーカー、佃治彦ガイドヘルパーが参加する。役場内、避難所の人たちに呼びかけてまとめる。三吉医師が企画書を用意することを確認した。

地震・津波・原発事故により避難を余儀なくされ、他の地域や施設に避難している被災地域では、家族・親族・友人・知人等の分散が起こっている。現在、このコミュニティの喪失を防ぐことが急務になってきている。被災住民とともに移動・分散している行政機関も、住民の所在・状況を把握することに多大の努力を強いられており、住民サービスの提供が大変になっている。特に、避難している高齢者の医療・看護・介護・生活支援については、サービス提供がより一層の困難に直面している。この解決のためには、早急に、分散している住民と分散している医療・看護・介護・生活支援・行政サービスの連携の仕組みを作る必要があると考えられる。神奈川県藤沢市などで行われているガイドヘルパー制度の適用など、被災地にふさわしい仕組みの実践が急がれる。

†山津見神社、仮設住宅でのミニコンサートと築地本願寺での虎捕太鼓

一一月一二日には、飯舘村佐須地区にある山津見神社の例大祭が行われた。山津見神社は「山の神」として全国的にも知られる神社だ。例年であれば三日間行われる例大祭は、参道に数十軒の夜店が並び、二万〜三万人の参拝客で賑わうそうだ。この年は原発事故によって、開

催自体が危ぶまれたが、参拝を希望する崇敬者も多く一日だけ行われることになった。

ふくしま再生の会では、宇野義雄さんと網戸孝史さんがコーディネートして、神社の許可と佐須地区の方々の協力を得て、境内下の駐車場の一角で「いいたて再生祈念　ミニ・チェロコンサート」を開催した。演奏は、長年ドイツのカイザースラウテルン市オペラ劇場の首席チェロ奏者として活躍された野瀬正彦さん。

バッハの「G線上のアリア」などクラシックの他、「新相馬節」や「上を向いて歩こう」など多彩な曲目の演奏に野瀬さんの話も交えて、楽しい演奏会になった。午後には、会場を福島市の松川第一仮設住宅に移し、同じようにミニ・チェロコンサートを開催した。仮設住宅にお住いの方々はお年寄りが多く、半分ほどは一人住まいだが、ここでも三〇人近くに集まってもらった。

山津見神社でのミニコンサート

松川第一仮設住宅でのミニコンサート

山津見神社に伝わる伝説によれば、九〇〇年ほど前、この地域に橘墨虎という乱暴者がおり、村人を困らせていた。これを退治しようとした源頼義は、なかなか墨虎を捕まえることができなかったが、ある日、

虎捕太鼓の演奏

藁を使って正月用のしめ縄を作る実演

神のお告げにより白狼の足跡を辿っていったところ、山の洞穴に潜む墨虎を見つけ退治することができたと伝えられている。このため、山津見神社ではオオカミは神の使者として敬われており、狛犬はオオカミの姿をしている。拝殿には二五〇枚ほどのオオカミの天井絵がある。一九九八年に、この伝説をモチーフにして村の女性たちが演奏し始めたのが「虎捕太鼓」である。避難中の飯舘村の佐須住民三〇人が菅野稔男さんをリーダーに上京し、一一月一九日に銀座文祥堂ホール、二〇日に築地本願寺の境内で演奏会を行った。

在京のふくしま再生の会の会員数人が駆けつけた。どちらの会場でも多くの聴衆の前で、勇壮な太鼓演奏が披露された。本願寺での演奏会は、毎月開かれている安穏朝市の特別行事として開催された。飯舘村は、震災以前から安穏朝市に出店し農産物などを販売していた。今回も手作り味噌などを販売した他、藁を使って正月用のしめ縄を作る実演も行われた。藁は新潟県から出店されている方から提供された。実演の後、菅野宗夫さんから福島第一原子力発電所の事故から現在に至るまでの経緯の報告とともに、この事故は福島だけの問題ではないので、現状をよく知ってほしいというアピールがあった。

†二〇一一年一二月――オンライン留学生討論会と第二回報告会

一二月三日に、海外から日本に来た留学生の団体Global Voices from Japan（GVJ）が主催した「Talk In：Fukushimaの再生」を共催した。このイベントは飯舘村の菅野宗夫さん宅居間と工学院大学（東京）、立命館大学（京都）をスカイプでつなぎ、飯舘村の生の声を日本に留学する学生と日本人学生に伝えることを目的として行われた。飯舘村から私が総合司会、菅野宗夫さんがプレゼンテーターを務めた。スカイプの映像が途中で途切れるなどのトラブルがあったが、留学生からは予想を超える活発な質問や意見があり、「何か」が届いたということが実感できる会となった。

Ustream 中継

この会合をきっかけにGVJは、在日留学生や世界に散っている卒業生をネットワークで結んで、私の定期報告「福島再生への道」を英語・中国語・韓国語に翻訳して伝えるプロジェクトをつくった。

二〇一一年一二月一一日一三時から東京・西新宿の工学院大学で「第二回ふくしま再生の会報告会」が開かれた。八月一八日に文京シビックセンターで開かれた第一回報告会以来の会合で、会員以外の方にも初めて呼びかけた。福島から菅野宗夫さん・千恵子さんご夫妻と大石ゆい子さんを迎え、参加者は当初の予想を超えて六〇名あまり、定員七〇名の教室はほぼ満席となった。

冒頭、私から会の活動全般について報告をし、次に菅野宗夫さんから三月一一日から現在に至るまでの経過報告と現在の被災者が置かれている状況についての報告があった。

生きがいを奪われ、村へ帰れるのか帰れないのか、どちらともつかない宙ぶらりん状態で将来の方針も示されず、誰もが精神的に追い詰められているという宗夫さんの報告に、原子力災害の特殊性と厳しさ、それに対応できないわが国の政治・社会の無力さを改めて感じさせられた。

この後、以下の各プロジェクトの報告がなされた。

「東大農工復興会議」久保成隆、「放射線測定とマップの作成」岩瀬広

「植物利用の可能性」鮫島宗明、「医療・生活支援について」三吉譲
「活動を支えるＩＣＴ」小川唯史

各プロジェクトの計画と成果をまとめて報告するというのは初めてのことで、初めて参加された人ばかりでなく、会員にとっても全体を見渡せる良い機会になった。

報告の最後に、菅野千恵子さんが次のように発言した。

「飯舘村で暮らしてきた八〇歳、九〇歳のおじいさん、おばあさんが仮設住宅のような環境では、外へ出るな、大きな声を出すなと言われてしまう。どうやって生きていったらいいんですか。お金はもちろん重要だけど、これは人間の尊厳の問題でしょう」

菅野宗夫さん

60名あまりが参加

菅野千恵子さん

福島のことばで訥々と語り、抑えきれない怒りには胸を突くものがあった。この言葉が、それからのふくしま再生の会の活動に大きな影響を与えたと、私は思う。

†田畑の除染と農業再生

東京大学大学院農学生命科学研究科教授の溝口勝さんが、私たちとは別に飯舘村に入り農学専門家として調査していた。八月のはじめ、溝口さんは噂を聞いて、私たちの拠点になっていた菅野宗夫さん宅に様子を見にやってきた。これが双方にとって大当たりとなった。八月三〇日には、私と大永貴規さんが東大農学部の溝口研究室を訪問した。

その時が面白かった。神妙な顔をして教授の前に座った二人に、秘書の女性がコーヒーを出してくれた。そして、彼女が「あら〜！　エーちゃん?!」と叫んだのだ。「エーちゃん」とは、五〇年前の東大闘争以来の大永貴規の呼称なのだ。全共闘運動の後半に、当時農学部職員を中心に大きな運動があった。そのつながりだったのだ。

あっけにとられた溝口教授も、へぇ〜！と言って大変親しくなってしまった。

これがふくしま再生の会と東大農学部が今日まで長く協働し始めたきっかけである。その後、溝口さんは、久保成隆さん、西村拓さんなど多くの人を誘い、東京大学福島復興農業工学会議を設立し、ふくしま再生の会の団体会員となり、また定期的に開かれる理事会・会員総会の会場を無償で貸与し、総会後のふくしま再生の会報告会を毎年共催してくれている。彼はまたふくしま再生の会の副理事長を引き受け、農学部一号館地下にサークルまでいの部屋を確保し、今日まで村から送る膨大なサンプルの放射能測定作業拠点を確保してくれた。二〇二〇年現在でも三〇人ほどの職員・学生・再生の会会員が、週一回の作業をこなし膨大な放射能データベースの開発・入力・運用に取り組んでいる。

溝口さんの豊富な人脈で、農学系の大学研究者が飯舘村の活動に参加してきた。帯広畜産大学、茨城大学、明治大学、東京農業大学、東北大学などの農学系の専門家の協働により、汚染された田畑の土壌汚染や水系、森林、野生動物などの汚染については、いろいろな方法が豊富に提案され、実験され始めた。

一二月四日には、東大の溝口さん、久保さん、西村さんら福島復興農業工学会議のメンバーが来村し、村民やふくしま再生の会の会員と協働して、次に挙げる四つの実験プロジェクトが進められた。

①山林における定点観測用の観測ポストの取り付け

これは、山林の特定ポイントに放射線量や気象データなどを観測記録するモニタリングポストを設置し、経時変化を調査しようとするものである。現在の主な汚染源となっているセシウム134・137の物理的な半減期はそれぞれ約二年と約三〇年だが、実際の環境における線量の変化は、気候の影響を受けるので、実際に測定してみないとわからない。観測ポストで、長期間にわたって線量と気象データを収集することにより、その関係を調査する。

②山の斜面を流れる表土のサンプリング

上記①の調査と関係しており、雨によって流される表土（おもにセシウムが付着している層）の量と放射能を調べることによって、セシウムがどの程度移動していくのかを調査するのが目的である。

③水田の遮蔽効果測定実験

現在は耕作されていない水田に水を張った状態にしたときに、水の遮蔽効果で周辺の線量を低減できるのではないかというアイデアに基づくもので、水位によって線量がどのように変化するかを測定する。残念ながら今回は、日没までに十分な水位に達せず、結果を得ることができなかったが継続する。

④霜柱による土壌放射能の移動測定実験

これは、霜柱が立つことにより、地表面付近のセシウムを多く含む土壌層が持ち上げられる（剝離しやすくなる）のではないかという推測に基づくものである。予備的な調査として霜柱が立つときの土中の環境変化を測定するセンサー（温度、水分、電気伝導度）とデータ記録装置を取り付けた。

一方、放射線計測班は、この日も山に入り線量を計測した。吉澤匡さんが開発中の携帯型GPSモニタのフィールドテストを兼ねている。今回計測したのは、飯舘村中央にある「矢岳山」である。飯舘村の汚染の一般的なパターンは、南東の方向にある福島第一原子力発電所から流れてきた放射性雲(プルーム)が山の斜面に当たって定着したため、南斜面の汚染度が高いが、この山では少し様子が異なり、南斜面より東斜面に線量の高い箇所があるということがわかった。

†二〇一二年一月——凍土剝ぎ取り法による除染

二〇一二年最初の現地活動は、一月七~八日に行われた。一二月に溝口勝さんが提案した霜柱による汚染土壌層剝離について実験に踏み出した。飯舘村は年明けから本格的に冷え込み、実験農地の土壌の表面は「霜柱」というよりは固い「凍土」状態となっていた。この凍土の厚みは地中に埋められた試験管内の氷の厚さで計測でき、五センチ程度であることが確認できた。地表から五センチ程度の深さの土壌は、ちょうどセシウムの大半が定着していると考えられる層と一致しており、この凍土を剝がせば高い除染効果が得られるのではないかと議論が進んだ。

また溝口さんによると、凍結層のすぐ下の土壌層の水分は凍結によって上に吸い上げられるため、凍結層の直下には比較的乾燥した土壌層ができる。このため、凍土の層が剝がれやすくなっているはずとのこと。すぐ田んぼに出て、スコップなどで凍土を剝がしてみたところ、五センチ程度の厚さできれいに剝ぎ取ることができた。

さらに、凍土はかなり固く、大きなブロックとして剝がすことが可能で、剝ぎ取りの作業効率はかなり高いと思われる。剝ぎ取り前と剝ぎ取り後の地表面の線量を計測して比較した結果は以下のとおりで、およそ一〇分の一程度まで低下することが確認できた。これは各種の固化剤を使った剝ぎ取り実験の結果と一致する。

除染前（地上一〇〇センチ）：二・五三
除染前（地表）：一・三〇、一・〇四、一・一一
シャベルによる除染後（地表）：〇・五五、〇・三〇、〇・二〇
重機による凍土剝ぎ取り除染後（地表）：〇・一三、〇・一八、〇・一一
凍土：二万三七六〇 Bq/kg
凍土剝ぎ取り後の土壌：二六七〇 Bq/kg
（単位は μSv/h。ALOKA TCS-171で測定。地表では鉛コリメータを使用）
（計測器の校正値〇・九で値を修正した。二〇一二年一月一〇日）

凍土の厚さは５㎝

凍土は固い

重機による剥ぎ取り

除染後の地表線量測定

土壌分析のサンプル

凍土を剥ぎ取ったところ

除染土を特殊シートで包む

この上に土を被せる

土壌を分析した結果（暫定）、凍土は二万三七六〇Bq/kg、凍土剝ぎ取り後の土壌は二六七〇Bq/kgであった。凍土は多くの水分を含んでいるので、乾燥後に計測して正確な値を出せば、剝ぎ取りの効果は九〇％以上になると考えられる。凍土の剝ぎ取りは飯舘村の自然環境を利用したもので固化剤を必要としないので、前段階作業は不要、作業員の被ばく量、コスト、さらに汚染土壌の後処理の面でも有利ではないかと考えられる。

ただし、この方法は冬季限定なので、活用できる期間は限られている。この方法が今冬の除染活動に活用されることを期待するが、スピードが大事。ふくしま再生の会では、実験農地をさらに広げて凍土の剝ぎ取り実験を行う予定である。また、剝ぎ取った汚染土壌の処理（仮処理）についても、十分な遮蔽、放射能漏れ対策と継続的な監視方法の実験を計画している。凍土剝ぎ取りによる除染法の考案者である東大の溝口教授による緊急レポートも出された（「速報冬の間に凍土を剝ぎ取れ！　自然凍土剝ぎ取り法による土壌除染」溝口勝、「修正 Stephan 式による凍結深の推定」溝口勝）。

凍土の埋設実験

一月一四日〜一五日は二つの実証実験「凍土の埋設実験」、「山林の落葉運搬試験」を行った。

前週に引き続き凍土剝ぎ取りを行ったが、今回は剝ぎ取りの範囲を広げ、かつ剝ぎ取りの結果発生した除染土を穴を掘って埋める仮処理を行う実験を行った。溝口さんが提案する処理方法は「剝ぎ取る面積の五％の面積の穴を掘り、そこに除染土を埋めて上から除染されていない土壌で覆う」という方法だ。これを実際にやってみた。

五センチの厚さで凍土を剝ぎ取り、五％の面積でこれを埋める場合、穴の深さは一メートル＋覆土の厚みとなる。除染を行う上で、現在の最大の問題は除染によって発生する除染廃棄物（農地の場合は、除染土）をどうするかということだ。全体として見ると、その量は膨大で、仮置き場や中間処理施設の案が検討されているが、その実現には時間がかかると予想される。そこで今回はそれらが実現するのを待つのではなく、除染する敷地内の「五％の面積」を使って除染土の「仮仮処理」を行い、少しでも早く環境を改善できないかという実験を行うことにした。「仮仮」とはいえ、放射性物質の地下水などへの染み出し対策を十分に行い、その対策の効果を確認する実験を兼ねる必要がある。

今回は二本松市などにおける除染にも実績のある「ボルクレイ・マット」という特殊シートを使って除染土を包み、その上から覆土を被せるという処理を行った。ボルクレイ・マットは二枚の布の間に粘土の一種ベントナイトを挟んだ構造になっていて遮水効果がある。

覆土の厚さを五〇センチにすると、理論的には線量が一／一〇〇（面線源の場合で）になる。

これで地上への線量の影響は十分小さくできると考えられる。このような対策をしたうえで、地上の線量や染み出し対策に問題がないか、念のため放射線モニタによって継続的に監視していくことにした。土壌分析結果は以下の通りである。

【水田1】
凍土まぜ（一〜五センチ程度）五四〇三、六一六〇、八八四二、平均六八〇〇
表土まぜ（一〜二センチ程度）一万八四四四、一万九二二六、一万六八八八、平均一万八二〇〇
除染後（剝ぎ取り後一〜二センチ程度）七四五五、一四二四、六三六七、四〇一七、三四四四、平均四五〇〇
【水田2】
凍土まぜ（一〜五センチ程度）一万二五八七、七〇四二、九八九四、平均九八〇〇
表土まぜ（一〜二センチ程度）一万六二五〇、二万〇四三六、二万三〇三九、平均一万九九〇〇
除染後（剝ぎ取り後一〜二センチ程度）四八四一、四九〇七、五八二一、平均五二〇〇
（単位はBq/kg。「まぜ」は同じ条件の土壌をなるべくたくさんとって混ぜてから容器に入れたもの）

前回に比較して、全体的に除染効果が低い結果となった。原因を調べるためには追試験が必要だが、「一週間でさらに凍結深が進んだ」「暖かい時間帯に作業をしたために凍土の一部が解けて未凍土が地表面に残った」などが考えられる。

一月二一日〜二二日に、凍土剝ぎ取りによる除染を効果的に行うための実験を行った。

一月の上旬に凍土の剝ぎ取り実験を行ったときには、佐須地区の凍土の厚さはだいたい五センチ程度だった。このとき、手作業で剝ぎ取りを行った結果、土壌の放射能は一〇分の一以下にまで下げることができた。しかし一月下旬には、凍土の厚さは一〇センチ程度にまで厚くなっていた。この凍土を剝ぎ取ってしまうと、上質な土壌の多くが剝ぎ取られてしまうため、たとえ土壌の放射能を低下させることができても、農地としての力は大きく損なわれてしまう。放射能がどれぐらいの厚さに止まっているのかを知り、セシウムの大半が止まっている範囲で、できるだけ薄い凍土ができたときに剝ぎ取ることが求められる。

地面　地面
凍土
除染廃棄物

ボルクレイ・マットを使った仮仮処理

しかし、凍土の厚さは気温や土壌の質など各種の条件によって異なる。また、セシウムがどの程度の深さに止まっているのかは、土壌の質やセシウムの濃度によっても異なるかもしれない。つまり、的確な表土剝ぎ取りを行うためには、農地ごとに「セシウムが土中でどれぐらいの深さに分布しているか」「気温や土中温度と凍土の厚さの関係」ということを知る必要がある。セシウムの深さ分布を知ることによって、どれぐらいの厚さの凍土ができたときに剝ぎ取り除染を行うかを決めることができ、気温と凍結深度の関係を知ることによって、凍土の厚さを予測することができる。
村内各地の土壌サンプルを採取し、深さごとに放射能を分析する調査を行う予定である。

凍土剝ぎ取り分析結果：比曽地区（暫定値）
表土　七万～八万（Bq/kg）
剝ぎ取り後　四〇〇～五〇〇（Bq/kg）
剝ぎ取り後のさらに五センチほど下　～八〇（Bq/kg）

山林の落ち葉運搬試験

一月一四日～一五日に、菅野永徳さんの山林でかき出した落ち葉や小枝などを効率的に外に運び出すという実験を行った。この実験は、兵庫県の株式会社ＪＴトライアングルとふくしま再生の会が協力して実施した。ＪＴトライアングルは、山林の木の間にロープを巡らせ、そのロープを重機を使ってぐるぐると回転させることによって、ゴンドラのように荷物を運ぶという技術を持っている。これを山林の除染に生かせないかという当時専務の三輪邦興さんの提案を受けて協力して実験を行うことになった。ＪＴトライアングルは今回の実験に合わせて兵庫から重機などの機材一式を持ち込み、実験場の山林にロープを張りめぐらした。ふくしま再生の会のメンバーや取材で訪れた報道関係者なども協力して山林の落ち葉などをかき出す作業を行い、それを実際にロープで運び出すことができることを確認した。落ち葉かき出し後に表土を三センチほど剝離した場所で採取した土の分析結果は「～五六〇〇（Bq/kg）」であった。

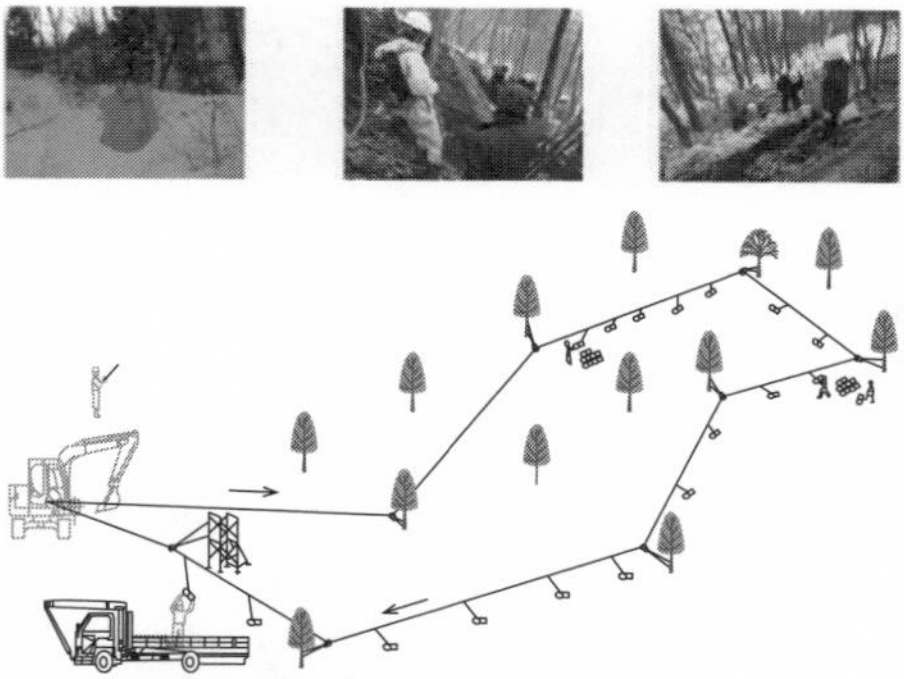

山林からの除染廃棄物の搬出実証

一月二五日に、ＪＴトライアングルによる山林除染実験を再度行った。今回は、村、環境省、林野庁などの見学者が見守る中で、もう一度実演した。前回、再生の会メンバーが二〇メートル四方で五センチの落ち葉をかき出した場所を、さらにＪＴトライアングルの人が草刈り機の改良機を使って五センチかき出した後に測定し、線量はほぼ一〇分の一に低下していることを確認した。

この際、土壌流出防止のため、竹を使って土止めを行った上に竹チップを撒き、さらに網をかけた。搬出作業も順調に進み、見学者にも印象的だったようである。この後、水田に移動し、見学者に凍土剝ぎ取りによる除染実験を説明した。こちらの実験にも高い関心が集まった。

温泉に泊まる

福島県では、各地で除染作業や復興事業が始まっているためだと思われるが、宿泊場所を確保するのが難しくなってきた。そんなわけで、一月二八日～二九日は飯舘村から車で一時間以上かかる高湯(たかゆ)温泉に宿泊した。高湯温泉は福島市から西へ一〇キロほど、磐梯吾妻スカイラインの入り口近くにある。飯舘村とは気候が異なり、雪深いところだ。私たちの車四台のうち4WDは一台もなく雪の山道を登れるのか不安だったが、案の定途中で先頭車がスタックし、車から降りて一台ずつ押さなければならないというアクシデントが。それでもどうやら無事に宿に到着できた。

一月二八日～二九日は以下の作業を実施した。

土壌サンプルの採取

村内の農地から円筒形の土壌を抜き取り、それを二センチの厚さでスライスして放射能を計測。これによって、深さ方向のセシウムの分布を調べる。このデータは農地除染のための基礎資料となる。できるだけ多くの箇所でサンプルを採取して測定を行うのが望ましいのだが、当面、村内の二〇行政区から一サンプルずつ採取することを目標に進める。

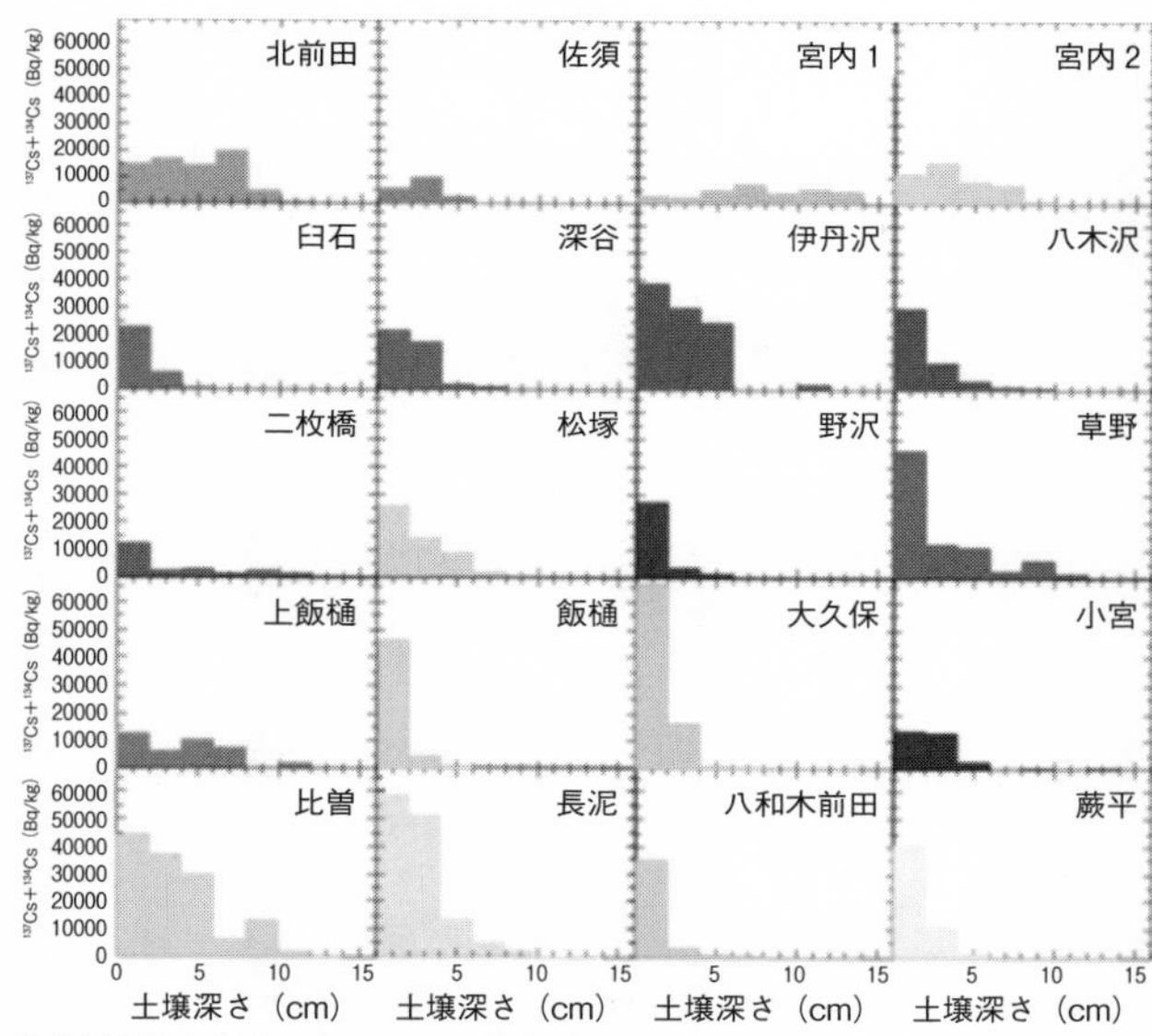

飯舘村全域の農地のセシウム汚染測定（2012年版）
飯舘村20行政区における土壌中セシウム深度分布（暫定値）。コア抜き土壌 2 cm毎に切断し測定。採取日2012年 1 月29日～ 2 月20日。

除染土壌の素掘り穴への埋設実験

前回の凍土剝ぎ取り除染の際には、ベントナイトを挟んだ特殊シートで除染土壌を包んで埋設した。しかし土中のセシウムは粘土に固定されていて、粘土が移動しない限りセシウムが水に溶けて流れるということはないのではないかと考えられる。そこで、この特殊シートを使わず、除染土壌をそのまま埋設する方法、除染土壌にベントナイトとセメントを混ぜて粘土を固定化して埋設する方法を実験することにした。除染土壌にどの程度のベントナイトとセメントを混ぜればよいかを試験した。

水系の除染

山の斜面から、放射能を含む土砂がどのように流れるかを観測する。水源の森の中の小さい流れに多くの木製小ダムを作り、セシウムを土嚢（活性炭かゼオライト）に吸着させる。下流にセシウムが移行することを極力防ぎ、セシウムを吸着処理する。

†実証実験から事業実施のプロセスへ

原発災害は、福島のみならず日本にとっても未経験・未曽有の事態である。世界にも日本にも本当の専門家は皆無である。そこで、専門分野を超え公私を超えた取り組みが必要になっている。「ふくしま再生の会」は、〝やってみる〟ことが重要だと考えており、いろいろな専門家・大学・研究機関との共同の取り組みが行われている。家屋・住環境・田畑・山林・水系の除染は、一回やれば良いというものではない。自然の中で、継続的に看視し対策を打つ長期的な取り組みが必要である。

①地元地域との情報共有

結果はまず地域・住民に報告する。これは国・県の調査の補完になることもあるが、国・県が採りあげなくても、場合によっては地域で独自に必要であるとして活用されることもある。

②実効性の検討

地域・住民が主人公となって、実効性・現実性の検討と意思決定をすることが良いと思う。現在の日本では、行政組織の上に行くほど地域の現状がわからず、やるべきこともわからないのが現状である。地域・住民が「これはいける」と考えた場合は、国・県に予算・実施を要求し地域主体で実行していくべきである。また独自に多方面の協力を求めて実現するやり方を当たり前にするべきであろう。

③全ての実践を、地域産業の再生に結びつける

除染事業の担い手は地域・住民主体で行うべきであり、その生活を再生する産業に結びつける計画でなければならない。地域外組織の復興資金狙いを警戒する必要がある。

④公正でオープンな看視・監査

中央政府が大企業に発注しても、地域自治体が地域企業に発注しても、不祥事が起こることがある。この看視・監査機関を中立的に、公正に、オープンに機能させなければならない。その能力は中央でも地方でも可能である。

⑤ボランティアの参加と募集

実証実験を経て地域・住民が事業実施という段階になったら、私たちは全国へ広くボランティア活動を呼びかけて、「ふくしま再生の実践活動」の一翼を担いたいと思っている。私たちの希望は早くこの段階に進むことである。

†正念場

二〇一二年二月六日、「ふくしま再生の会」が住民の生活と産業の再生のためにできることを提示する正念場の時期に来ていることを感じ、下記のような文章を書いた。

二〇一二年二月六日　田尾陽一

福島原発事故　被災地の状況

昨年以来、私は厳寒の飯舘村に相変わらず毎週末滞在し、その他の日々も多くの活動で忙しく報告を書くことが出来なかった。飯舘村やその周辺の福島の原発事故被災地は、困難な問題がますます複雑化して深刻になっていると感じている。多くの被災者は、今後の見通しが政府責任者から全く示されない中で、全ての生活基盤を失い生業を失っている状況が改善されず、精神的にも物質的にも追い込まれている。東京から流れてくるＴＶや新聞は相変わらずくだらない情報の氾濫を伝え続け、ふくしまへの関心は日々失われていっている。

被災者一人一人の気持ちを推し量ることは困難である。放射能汚染への不安、政府や関係者や専門家への不信・怒り、若い世代や子育て世帯のさらに遠方へ避難したい気持ちと無理解への怒り、放射能除染モデル事業の開始による帰宅可能性への期待と失望などが、揺れ動きながら地域全体を覆い、しかも家族もばらばらに避難しコミュニティも破壊されて充分な意思疎通もままならない焦燥感などが重なっている。

そのような状況の一二月半ば、野田首相は「原発事故収束宣言」という政治的パフォーマンス目的の稚拙な行為をおこない、現地の怒りはますます増加している。除染計画、健康管理、賠償などの政府の計画は遅れに遅れ、ことごとく矛盾だらけの稚拙さと誠意の無さを露呈している。特に、これまで二〇キロ圏内の警戒区域、飯舘村などの計画的避難区域、川内村などの緊急時避難準備区域（昨秋解除したが住民が戻っていない。村長は村役場が率先して戻るので、住民に自分で判断する時期に戻るよう呼びかけ始めている）の被災地の区割りを、この三月末に再区割りしようとしている。それは、放射線量別に、年五〇 mSv 超の帰還困難区域、年二〇〜五〇 mSv の居住制限区域、年二〇 mSv 以下の避難指示解除準備区域の三つに区域分けするというものである。そして避難指示解除準備区域をさらに三つに分け線量の高い順に除染し、全体を一四年春までに終えると言っている。もちろん、帰還困難区域ではモデル事業は実施するが、除染するかどうかは今後決定するというものである。

この方針は、各地域に深刻な問題を突き付けている。中間貯蔵地を押し付けられそうな二〇キロ圏内高線量地域では、帰還不可能な現実を突き付けられている。飯舘村は、村内を三つの区域に分けられることになり、コミュニティの崩壊を促進する可能性が増すだろう。

この年間被曝線量に応じて進める政府方針に対し、飯舘村では一月三〇日に独自の除染工程表をまとめた。村全体を標高の高い地域から順に除染するという計画である。山から里へ放射性物質が移動する可能性を考慮した、山村の状況を熟知した人々らしい考えであろう。飯舘村はあくまで国の責任で除染する地域であると、政府から宣言されているから、この村独自の計画がどのように政府に扱われるのかは不明である。

私たちは、昨年(二〇一一年)六月に「ふくしま再生の会」の趣意書として次のように書いた。

「私たちはこの二一世紀初頭に、大自然の大きな力の前に人間が翻弄され、さらに安易に自然をコントロールできるという慢心の上に敗北した原発事故と言う三重苦の福島地域において、自然の力の前に謙虚に学びつつ長期間にわたり、自然を構成する空気・土・水・海・植物・動物そして人間の営みの本来の姿を復活させていかなければならないと思います。

このためには、被災を自分のものとして自立的に考える諸個人・諸国民、農林水産・牧畜などの知恵を持つ人々、自然を観察し分析するさまざまな技術を持つ人々が集まり、被災ます。

この中で、長期にわたる原発の廃炉過程を看視し、最終的な自然にもどる姿を見届けたいと思います」

私はこの趣旨を踏まえ、「ふくしま再生の会」のこれまでの活動を通して、住民の生活と産業の再生のためには何が出来るか、どんな方法が良いか、を提示する正念場の時期に来ていると感じる。

具体的には、私たちは飯舘村の山々に放射線測定の定点ポイントを展開しつつある。さらに村民と協力して、飯舘村の隅々まで詳細な放射線マップを継続的に作成し更新し続けている。村民自身が参加して維持するこの放射線・放射能データ観測網をベースに、放射線・放射能が長期的に変化・減少していく経緯を観測し、生活と産業を取り戻すさまざまなプロセスを創り出そうとしている。そして当然のこととして、そこに携わる住民やボランティアの健康管理を長期的・継続的に保障できる仕組みが重要であり、信頼を失った国や専門家に任せられない中で、当事者の目からこれらを管理する方法を作りたいと考えている。

この後、二〇一二年三月三日には、前年一二月の第一回「Ｔａｌｋ Ｉｎ：Ｆｕｋｕｓｈｉ

ｍａの再生」に続き、第二回「Ｔａｌｋ Ｉｎ：Ｆｕｋｕｓｈｉｍａの再生」国際インターネットフォーラムを、飯舘村・工学院大学・立命館大学を結んで行った。

第五章　課題の解決を目指す

本章では、ふくしま再生の会が過去一〇年間にわたって取り組んできた多彩なプロジェクトを、いくつかの領域に分けて紹介したい。これらは現在以下の四つに分類され、それぞれに進行している——①環境放射線測定、②放射能測定、③農業・林業・畜産業の再生、④生活・コミュニティの再生。

自然環境と住民の生活環境の破壊が継続している地域での試行活動なので、時とともにその項目が増減し中身が変化していく。その試行錯誤の過程こそ、原発被害地域の一つの断面だと思う。二〇一七年四月以降は、避難指示解除により高齢者の帰村が徐々に増えているが、若手世代・壮年世代が帰村しない傾向にある。このような状況を打破するために、ふるさと・里山の生活・文化の再生、都市と農村の交流による地域活性化のアプローチが大事になってきている。これを支えるために、ふくしま再生の会は農泊事業や現代アートによる地域再生の手法など、コロナ後を見据えた活動を取り入れようと模索している。

†環境放射線測定──GPSガイガー携帯測定器を手作りする

二〇一一年六月から二年間の多彩なアイデアと実証活動により、飯舘村の放射線・放射能の状況と測定方法を掴むことができた。その基礎の上に、定常的・長期的に維持できる測定体制を整備していった。

二〇一一年秋に私は、国や東電の放射線測定データを信用しない住民感情の下で、村民とともに測定活動を行い、その結果を住民に還元することが正しい方法だと確信していた。そこで、福島市飯野町に避難していた村役場に何度も通い、村長や担当者とその道を探る議論を行った。

秋葉原でゲームソフト会社を経営する会員の吉澤匡さんが開発してくれたGPSガイガー携帯測定器（原価三万円弱）を、数台つくり会員有志が使うとともに、二〇一二年九月に村役場発注が決定され二十数台を増産し、村民に貸し出しを始めた。

ある日、佐須滑の拠点前に測定器を持った三人組が歩いてきた。アロカ放射線測定器（時価五〇万円以上）、村内地図、記録ノートを一人ずつが持っている。一人が地図を見せて、ここはどこかと私に聞く。私がここですよと示すと、他の一人が放射線測定器の数字を読み上げる、もう一人がノートに記す。この三人組は、環境省が発注した十数組の一つだった。その後、私と宗夫さんは福島市にできた環境省の事務所を訪問し、所長と話し合った。持参のGPSガイガー携帯測定器を見せて、「あなた方がやっている三人組の機能は、この一台で済んでしまう」と説明した。所長は隣の担当者に、「この事業はもう発注しちまったんだよな」と確認してこの会合は終わった。帰りに宗夫さんと、「この予算はたぶん人件費だけで三〇人×五〇万円×一二カ月で年間一億円以上かけているな」と話した。私たち村民と会員だったら、日当を一万円もらっても一桁安くできるなと話して笑ってしまった。

NaI 測定器と搭載したエブリイ２台

車載放射線測定

二〇一四年八月頃、スズキエブリイ二台を、本会の横田捷宏（かつひろ）監事の知人であるスズキ自動車鈴木修会長の一声で安く手に入れた。これにＫＥＫが提供してくれた三インチ、五インチのＮａＩシンケレーター放射能測定システム（商品化していないがたぶん一〇〇〇万円なんてものではない）を搭載して専用測定車を開発した。車庫も古い材料を近くの廃材屋さんで手に入れ、村役場近くの目黒正光さんに年間五万円で庭先を貸してもらい、手作りで二台収容、充電用電源を備えた車庫を建設した。

ＫＥＫの佐々木慎一さん（共通基盤研究施設長兼放射線科学センター

長）、石川正さんを中心とする物理研究者や技術者、ふくしま再生の会東京事務所のすぐそばでソフト会社を経営している小川唯史さん、吉澤匡さんたちが集まり、測定からデータ管理までのシステムを作り上げた。今日までサーバーシステムの管理運用は、小川唯史さんが東京の阿佐谷で行っている。

二〇一三年五月には、ナビゲーションシステム・エンジニアの八下田（やげた）好一さんが、放射線測定専用車にカーナビを搭載し、所定ルートをガイドするようにしてくれた。不特定の村民が交代で測定員になるので、自分の地域を回るにも毎回同じルートで継続していくためである。これでずいぶん測定データの長期的な信頼性があがり、プロジェクトの運用も楽になった。

二〇二〇年三月まで、飯舘村役場の予算が付き各行政区から村民二人、総勢四〇人が、ふくしま再生の会や合同会社いいたて協働社のサポートで、自分の行政区を月に当初二回、そして一回、近年は年四回測定を続けた。その貴重なデータは、村の予算で私たちが年間一冊のわかりやすいパンフにして、全村民に配布し続けてきた。二〇二〇年三月でこの事業の予算が、突然理由の説明もなく打ち切られた。私たちは、八年におよぶ村民主体の全村放射線測定という画期的な事業が飯舘村で行われたということを誇りに思っている。同じ気持ちの参加村民とともに、最後の村民説明会を近く計画している。

今後は、未だバリケードの中にある長泥地区住民の要望に沿って、ボランティアで住民と会員による測定を続けていくつもりである。

　また、長泥以南の浪江町等の山間部について自然環境調査と並行して放射線測定を行う新しいプロジェクトの実現を追求している。ただし、帰還をあきらめて希望を失っている住民が多く、自然環境調査と放射線測定という基礎的な観測が持続できるかはいまだわからない。

　私の構想を聞いたＫＥＫや海外の科学者が、その意義を認め期待を持っていることも事実で

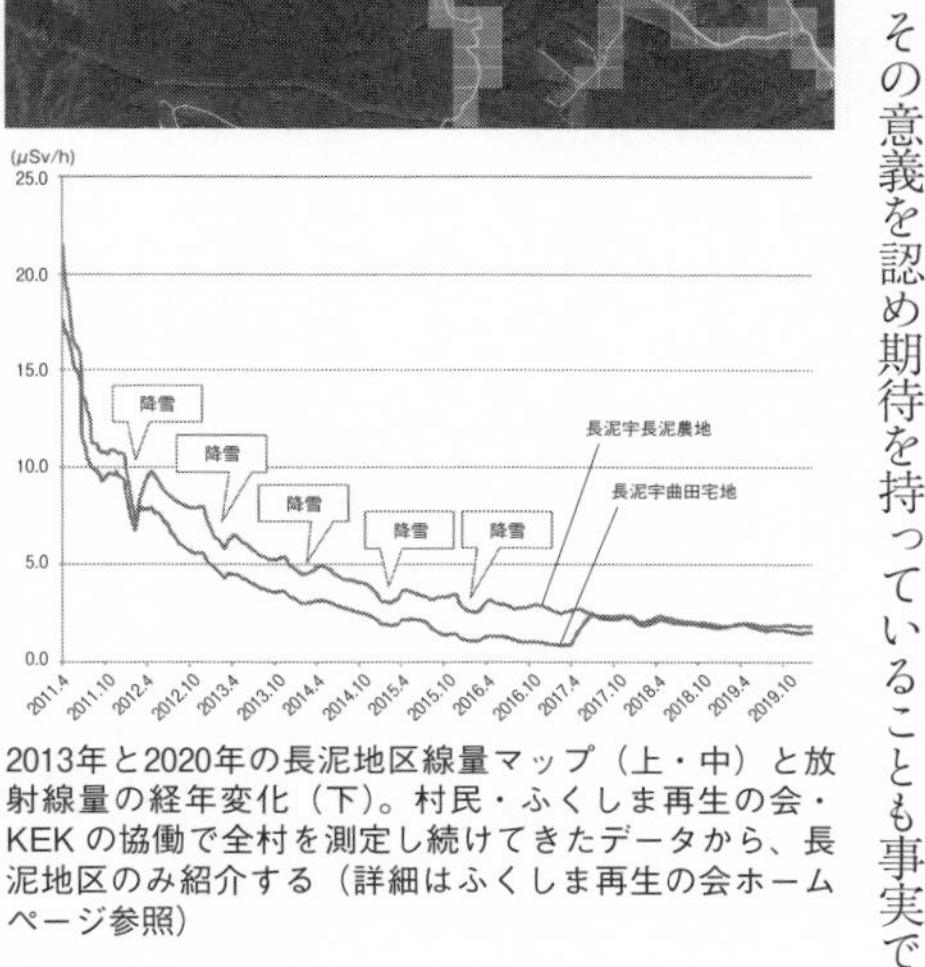

2013年と2020年の長泥地区線量マップ（上・中）と放射線量の経年変化（下）。村民・ふくしま再生の会・KEK の協働で全村を測定し続けてきたデータから、長泥地区のみ紹介する（詳細はふくしま再生の会ホームページ参照）

ある。二〇〜三〇年と無人の、放射能汚染された閉鎖自然空間で何が起こっているのかを、科学的に継続観察・測定を続け、その結果を世界と共有することは歴史的な責務であるが、この国にはそれを理解できる人は少ない。また、これに関連して飯舘村長泥、浪江町津島、葛尾村、田村市都路、川内村を結ぶ阿武隈ロマンチック街道（国道三九九号）の再生による交流人口の増加や帰還困難地域の解消に向けて森林再生計画の推進を、私たちは関係者と協議し始めている。

†田畑や山地の空間線量測定――明神岳に放射線測定器を置く

私たちは当初から原発事故の放射性物質は、当時の気象条件から北西方向への風に乗り、降雪や降雨とともに地上に落下したのだから、飯舘村のあちこちの山の南東面に多く蓄積されているだろうと推測していた。山を歩いて測定すると、ほぼその通りだった。そこで二〇一一年秋には、山の上に定点観測器を設置できないかと考えた。「山のこだわりや」と自称して名刺にまで刷っている宗夫さんと相談し、前田地区と深谷地区の間にある明神岳に目をつけた。

二人で林道らしき荒れた道を入っていって尾根に達し、北東方向へ道のない尾根をたどり頂上らしきところの南東斜面に、適地が見つかった。ここに目印をつけて下山し、それから私の行動が始まった。村役場に行き、飯舘村復興対策課長の中川喜昭さんに会い、そこが国有林で磐城森林管理署管内だということを確認し、今後の相談をした。

一一月三〇日には、中川さんと私はいわき市へ車を走らせ署長と向き合っていた。私は、「あなたがこの国有林の管理責任者なんだから、当然降らされた放射能を測定するべきだと思うが、私たちが代わりにやってみたい、ついては国有林を一坪くらい貸してくれないか」と頼んだ。署長は、趣旨はおおむね了解してくれたが、ついては手続きが大変だよと言う。まず村長から申請書を前橋の関東森林管理局にあげ、そこから霞が関の林野庁国有林野部業務課にあげる必要がある、許可が下りるのにまあ三年はかかる、とのこと。

「わかりました」と会合を終え、翌一二月六日に私は霞が関の農水省北別館八階で林野庁国有林野部業務課長の川端省三さんと向き合っていた。彼も趣旨はわかった、前橋から書類があがってきたら承認すると言ってくれた。地上に蓄積した放射性物質は雪が降ると遮蔽されてデータが小さくなってしまう、私は一二月下旬と思われる降雪前に測定を開始しデータが欲しい。飯舘村に引き返した私は、かねてフィールドルーターを用意していた大学・研究所・民間ボランティアに山上に設置するように要請し、一二月一七日にはデータを採り始めていた。二年後に村役場に確認したところ、許可が下りている

定点観測ポスト

表土トラップ

村境の放射線測定

ということだったのでほっとした。

この観測ポストは、山林の特定ポイントにモニタリングポストを設置し、放射線量や気象データなどを観測記録し経時変化を調査するものだ。現在の主な汚染源となっているセシウム１３４・１３７の物理的な半減期はそれぞれ約二年と約三〇年だが、環境における線量の変化は気候の影響を受けるので、測定してみないとわからない。観測ポストは長期間にわたって線量とともに雨量などの気象データを収集することにより、その関係を調査する。これらの設置・運用には技術者であり山男の伊藤哲さんが大いに貢献した。

†村境の山の峰を一周して計測する人たち

ふくしま再生の会には小原壮二さん、二宮克彦さん、加藤靖彦さん、斎藤健一さん、秋畑進さん伊藤哲さんそして私などヒマラヤなどの海外山岳遠征組が多いが、もう一人畠堀操八さんという超人がいる。この畠堀さんが単独で飯舘村の村境となっている稜線六〇キロ超を歩いて線量を測るという計画が、二〇一二年春に開始された。単独行といっても村内は計画的避難区域のため寝泊り禁止、したがって登山開始と終了時に私を含めたサポート隊の送迎が必要となる。

二〇一二年三月は村の南部のほうの山から入っていったのだが、積もった雪の上に雨が降り気温も上がっているため、いわゆる「くされ雪」状態。腰まで重い雪に埋まりながらでは、進むのに非常に時間がかかることがわかり二日目で断念した。雪が消えてから再挑戦するとのこと。ところで畠堀さんもクマと思われる動物の足跡を発見、山に入るときには注意が必要なようだ。この計画は二年間かけて、最終版では小原さん、二宮さん、秋畑さんの同行登山もあり、二〇一四年五月一〇日に完全踏破し、下山地点の八木沢峠下で十数人が出迎え、ビールで成功を祝った。

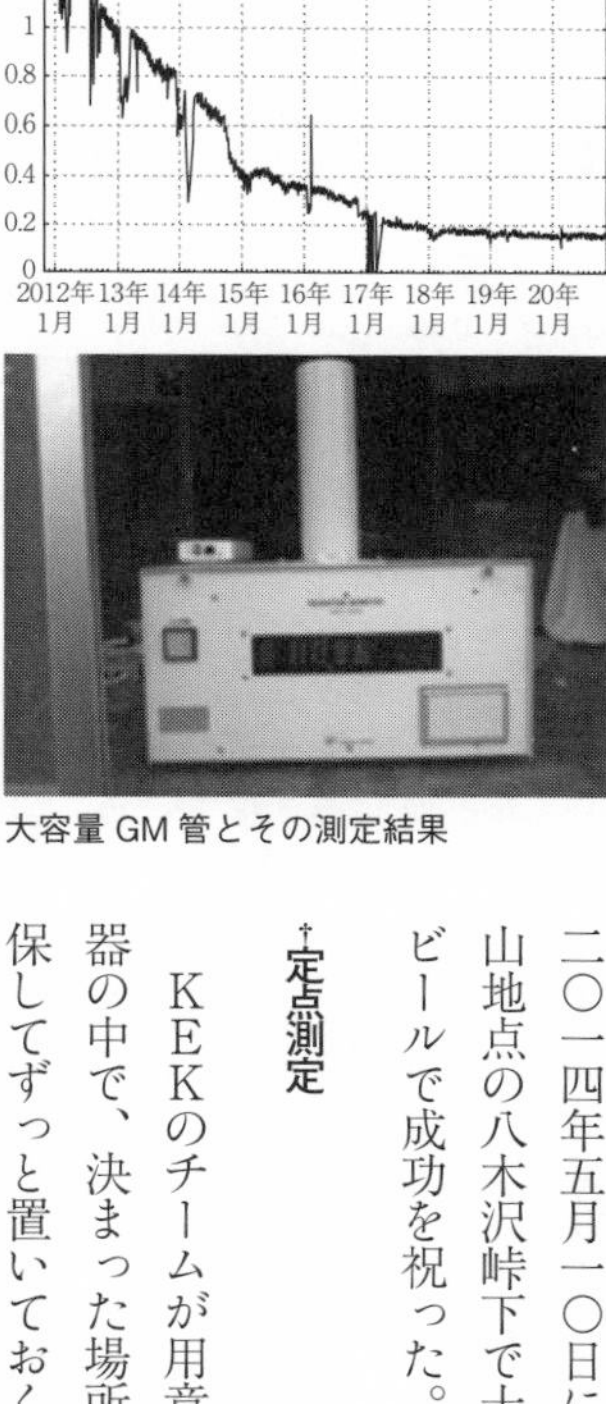

大容量 GM 管とその測定結果

†定点測定

KEKのチームが用意してくれた測定器の中で、決まった場所に通信手段を確保してずっと置いておく装置がある。大

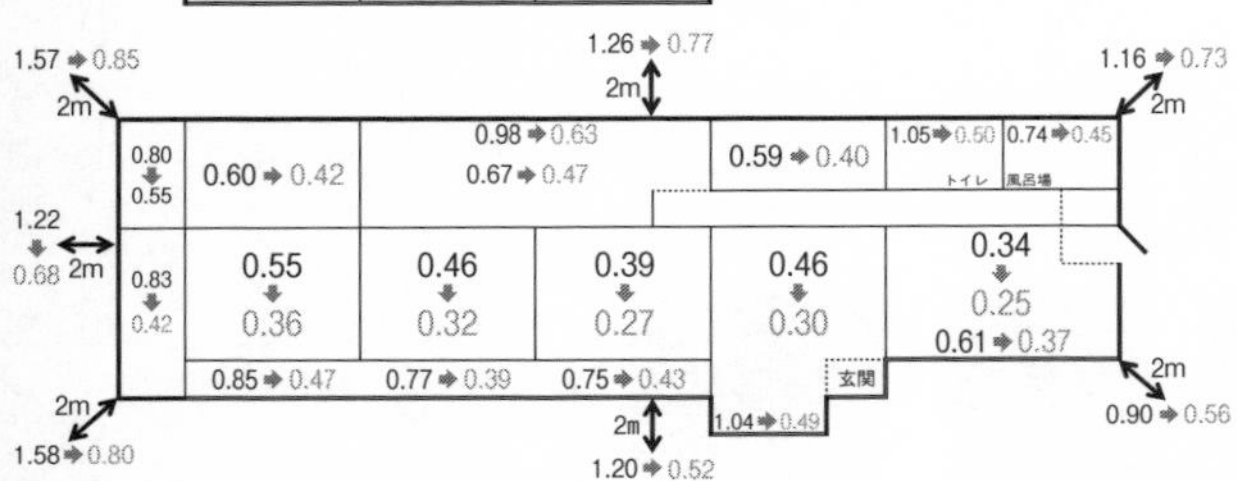

周辺の庭を含む居宅測定（除染前・除染後の比較）

容量GM管である。これを了解の取れた個人宅、公共施設などに設置していった。宗夫さん宅、永徳さん宅、東北大惑星圏観測所、村の施設いちばん館（「いいたて全村見守り隊」本部）、大久保金一さん宅その他数軒の個人宅を徐々に増やしていった。

この測定器は、設置場所の空間放射線量をマイクロシーベルト（μSv）単位で常時示している。同時に通信線からデータを私たちのサーバーに送信している。これをグラフ化するシステムが動いており、前ページの図のような右下がりに減少していく放射線量がわかる。雪が降り積もるとその時間だけ急に測定値が下がっているのがわかる。水や雪は放射線を遮るのである。

†居住環境の継続的放射線観測（居宅測定）

二〇一三年からは、被害住民とともに空き家となっている村内の居宅内外の除染前・除染後の放射線観測を行って比較検討している。多くの家は北側や西側にイグネ（居久根、屋敷林のこと）があるので、北西側と二階がやや高い。二階が高いのは、周辺を見渡せるので遠くからの放射線がより多く到着するからと考えられる。図の居宅内の線量は、環境省による周辺二〇メートルの除染の前と除染後の測定結果である。比較すると、平均で〇・五二µSv/hから〇・三七µSv/hとなり、周囲の除染で約三割減少したことになる。

居住環境放射線量測定のために、ＤＩＳ線量計（Direct Ion Storage）を屋内外に一定期間（約一週間）設置して積算線量の計測も行っている。このＤＩＳ線量計は、ＫＥＫの佐々木慎一共通基盤研究施設施設長が、古いタイプだが優れモノだよと貸してくれた。密閉された炭酸ガスを放射線が通過するとカウントする。電池が要らないのでずっと保つ。私たちは山の放射線経年変化を見るために、牧場に設置する試みもやってみた。

†実験小屋の建設

二〇一四年度に佐須地区菅野宗夫さん宅西側に、約四㎡の第一次実験小屋を建設し中央に放射線測定器を設置した上で、小屋の周囲に汚染されていない土を厚さ一〇センチずつ追加して遮蔽効果を増加させ、放射線量の変化を測定した。二〇一五年度には、比曽地区の樹木を製材し、放射線量の低い佐須のサイロを利用して、木材の放射能量・放射線量を測定した。その木

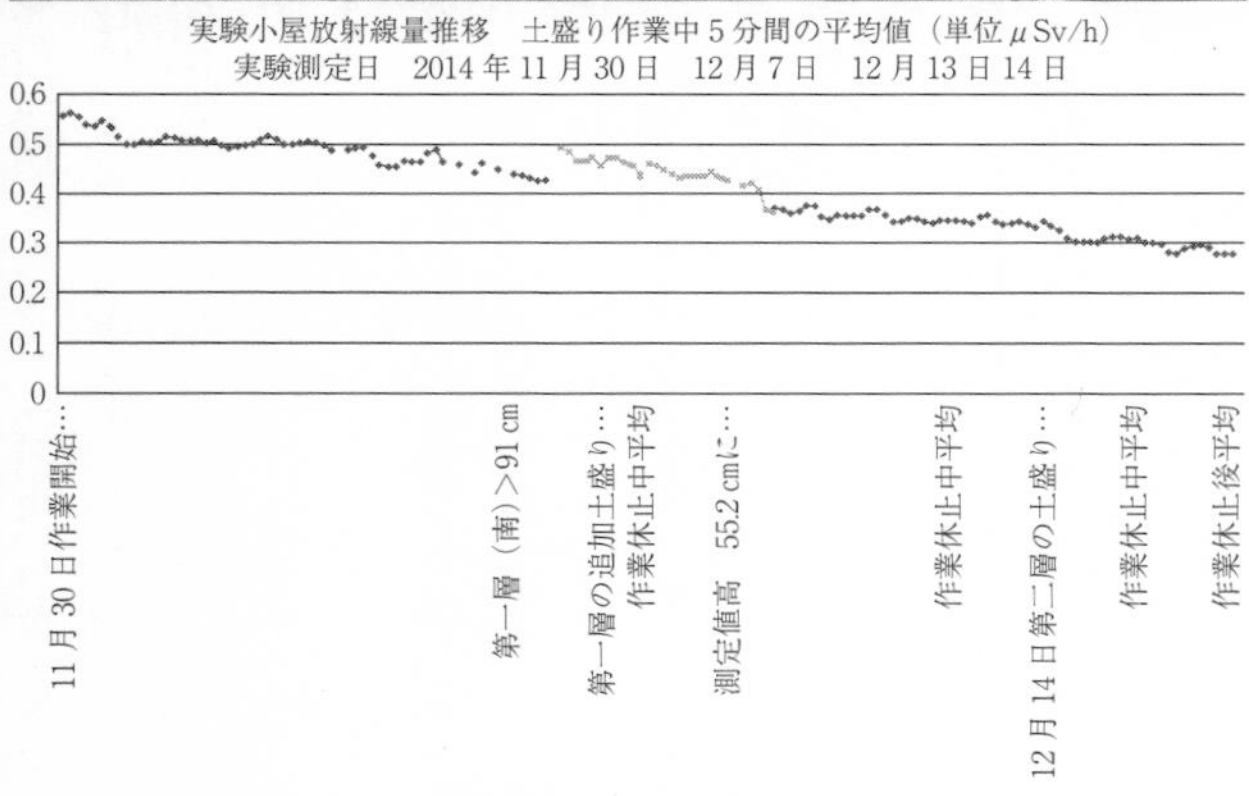

第二次実験小屋の建設とその測定結果

材を使って、比曽地区菅野啓一さん宅のイグネの前に、第二次実験小屋を建設した。

環境省による除染は、居宅周り二〇メートルまでとなっている。これが終了した後、啓一さん宅周辺を測定し、これでは帰村する気が起こらないという啓一さんと相談して、イグネの除染を続けるプロジェクトを計画した。小原壮二さん、高橋正二さんたちが中心になって多くの会員が協力し、啓一さんの天才的なユンボ操縦技術もあり、大変な労力を費やして、精密な除染とその結果のデータを得た。

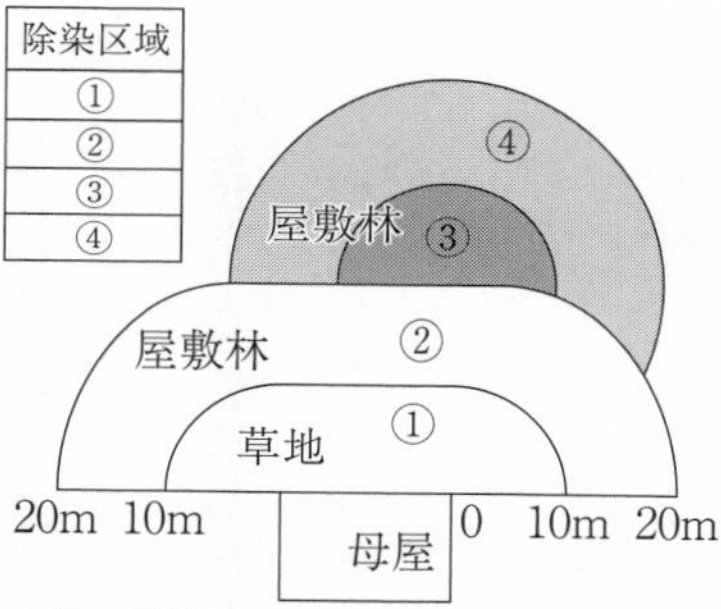

除染区域
①
②
③
④
屋敷林
屋敷林
草地
母屋
20m 10m 0 10m 20m

イグネの除染計画

二〇一七年三月のKEK環境放射能研究会で発表ができた。「飯舘村の生活・産業の再生を目指す環境放射能研究—居住環境放射線とイグネ除染実験」（高橋正二、菅野啓一、小原壮二、認定NPO「ふくしま再生の会」、田尾陽一）というもので、飯舘村での二〇一七年三月の避難指示解除予定を前に、帰村を考える村民にとって、宅地除染終了後も高い居宅線量を下げることが望まれるため、国による放射能除去が行われていない近接屋敷林の除染を実施し線量の低下を試みたことと、除染による居宅内線量、線量方位分布の変化などの調査を報告した。また、二〇一六年の農業農村工学会で、東大の溝口勝教授が「飯舘村の居久根（屋敷林）内における空間線量率の測定」（溝口勝・板倉康裕・小原壮二・高橋正二・田尾陽一）という発表を行った。

†空間放射線と個人放射線の相関研究――村内希望者の個人放射線詳細測定

二〇一七年一月、「サイエンス」誌に衝撃的なコラムが載った。キャサリン・コルネイ氏によるもので、「福島の住民は、これまでの想定よりはるかに少ない放射線被ばくだった」という内容であった。論拠としてこのコラムが絶賛していたのが、宮崎真氏（福島県立医科大学）と早野龍五氏（東京大学）の論文（the Journal of Radiological Protection 掲載）である。宮崎氏と早野氏はこの論文で、伊達市の数万の個人放射線計のデータをヘリコプターからの地上推定値データと比較し、実際の被ばく放射線量はヘリコプター測定の地上推計値の約一五％であるとし、これが日本政府の仮定していた値の四分の一だと結論づけていた。

二〇一七年八月～九月に私たち認定NPO法人ふくしま再生の会・個人放射線量プロジェクトチームは、宮崎早野論文を絶賛したサイエンス誌のコラムを批判し、宮崎早野論文を批判する実証論文を同誌に投稿した。この実証論文は、二〇一一年以降の全村の山林・田畑・道路・居宅・土壌・植物・動物の測定経験を生かして、二〇一七年四月から六月まで六人のNPO会員が、飯舘村村内で空間放射線量と個人放射線量を、実際に村民生活圏内を集中的に徒歩で測定記録したデータをもとに会員の専門家を交えて解析したものである。サイエンス誌の要求に応えて内外のそうそうたる物理学者六人の査読者リストも提供し、サイエンス誌はこれを受理したのだが掲載を拒否した。現在に至るまで、サイエンス誌は宮崎早野論文が正しいという見解を世界に流布したまま、沈黙を守っている。

二〇一九年になって、メディアで宮崎早野論文への騒ぎが起こった。これは主に、当該科学者と住民の被ばくデータを提供した伊達市行政当局が、伊達市民の個人情報をどのように管理したかをめぐる問題になっている。

個人情報をめぐる社会的ルールは守らなければならないのは当然である。

しかし同時に、科学者が入手した住民のデータを単純に平均化して、航空機による線量測定データと比較し、四倍も除染しすぎとか四倍も避難させすぎなどという政治的な結論を流布するやり方を批判しなければならないと思う。もちろん私はこれまでの政府主導の除染のあり方、避難のあり方について大きな異論を持っている。これについてはオープンに多方面の英知を集めて評価作業が必要だと思うが、その責任者や関係者にその動きは一切ない。そのことはさておき、この非科学的な間違えた解析結果を、科学論文・英語論文という形で世界に流布して政治的な効果を起こしてしまうことこそ問題にしなければならない（本人たちはそんな意図はないと言うかもしれないが、それこそ無知というものである）。

この肩書付きの非科学的論文を、単純に信じ社会に影響を与えた顕著な例として、サイエンス誌のライター、キャサリン・コルネイ氏と原子力規制委員会委員長・更田(ふけた)豊志氏があげられるであろう。規制基準を低いほうに見直せという趣旨を発言しているのだから。

私たちの基本的立場は、避難指示解除後に村の生活の再生のために帰村している村民を放射線被ばくから守りながら村を再生することにある。また将来帰村を考えている人々に現実の正しい放射線量を示し自身で判断できるようにすることにある。

このためには私たち自身が村内で活動し生活し、村内外の人々の協働の精神でこれらの放射線量を長期的に測定し、正しく解析し続けていかなければならないと考えている。

サイエンス誌への投稿論文（二〇一七年九月一日）

「福島県飯舘村の空間放射線量と個人放射線量の比較測定」

認定NPO法人　ふくしま再生の会　田尾陽一（プロジェクト責任者）
菅野宗夫、小原壮二、栗山俊一郎、佐野隆章、二宮克彦

アブストラクト

福島第一原発事故後、政府指示により全村避難してきた飯舘村で、NPO法人ふくしま再生の会はこの六年間に村民とともに全村の空間放射線量測定を継続してきた。

二〇一七年四月から一部帰村し始めた村民に還元することを目的とし、現地での空間放射線量と個人放射線量の比較測定を実施したので、その出発点の結果を報告する。これまで把握してきた空間放射線量に対し個人放射線量は、使用している身体装着の個人放射線測定機器によって異なるが、その人が居る場所にかかわらず、約三〇％～一一％低い値（空間放射線量を一〇〇とすると個人放射線量は七〇～八九）を示していると言える。個人線量の積算値は生活パターン・行動パターンの異なる村民個々人により異なるのは当然である。個人線量計を携行して個人線量を測定するとともに、その間の行動記録と位置情報を重ね合わせることによりデータを蓄積する活動に参加する帰村住民を増やして行く必要がある。日本の研究者等が、米英の専門誌に福島原発事故の被災地の空間放射線量と個人放射線量の関係について、いくつかの論文を投稿して話題となっている。

私たちは、これらの論文の考え方や測定の手法に誤りがあると考えている。これらは、無人地域の測定に有効な航空機による空間放射線量の測定値を個人線量と対比させたこと、運用管理が不十分なガラスバッジによる測定値を用いたこと、そして特に個人線量測定はあくまで個人被ばくの危険度を見るという目的で行われているのに対して平均化した数値と航空機測定による空間線量を対比させて、個々の個人線量測定の重要性や測定データの正確さの担保を軽視した点にある。特にサイエンス誌の二〇一七年一月二三日付けニュース記事が、これらを信じて論考を掲載している事態に対し、世界に正しい科学的認識を提供する義務があると考えている。

サイエンス誌は、上記投稿の掲載を拒否した（この英文投稿全文をご覧になりたい方は、その後おお

佐須行政区、松塚行政区活動説明会（溝口さん）

よそ同じ内容の論文が、二〇一九年一月三一日にシュプリンガー社から出版された下記の単行本の一章として収載、同時にオンライン出版されているので参照されたい。Y. Tao, M. Kanno, S. Obara, S. Kuriyama, T. Sano, K. Ninomiya, "Parallel Measurement of Ambient and Individual External Radiation in Iitate Village, Fukushima," T. M. Nakanishi, M. O'Brien, K. Tanoi, eds., *Agricultural Implications of the Fukushima Nuclear Accident* (*III*) (Springer, 2019) pp.153-163. 下記で閲覧可能。https://link.springer.com/book/10.1007/978-981-13-3218-0)。

飯舘村村内希望者の個人放射線詳細測定は、二宮克彦さんを中心に行っている。また、二〇二〇年現在も京都大学工学研究科助教今井誠さんと協働プロジェクトが継続中である。

†放射線講習会・説明会

「モニタリングセンター」の測定員講習会に合わせて行った放射線講習会を開催してから、各地区の方から同様の説明会をしてほしいと声がかかるようになった。そこで二〇一三年三月三一日に、飯坂温泉で開かれた佐須行政区総会で、また同年四月七日には同じく飯坂温泉で開かれた松塚地区総会で、ふくしま再生の会の活動報告と放射線の基礎的な話をした。どちらも一時間あまりの時間で、ふくしま再生の会の活動紹介（田尾陽一、小川唯史）、「農地除染から農業再生へ」（溝口勝）、「放射線・放射能について」（岩瀬広）という内容を話した。

みなさん熱心に聞いてくれて、質疑の時間に出た質問は具体的で的確な内容だった。村民にとって切実な問題であるためということはもちろんだが、みんなが熟知している自然環境や農地に関するデータであるために、基礎的な知識から現状への応用までの理解が非常に速いと感じた。

†シニア放射能測定隊、測定サンプル数一〇〇〇を突破

飯舘村の再生のためには除染が必須であり、会では田車除染（後述）を始めいろいろな除染活動を試行してきた。除染法を考え、またその効果を評価するには、正確な汚染状況の把握と試行前後の土壌等のセシウム放射能の測定が必須であった。

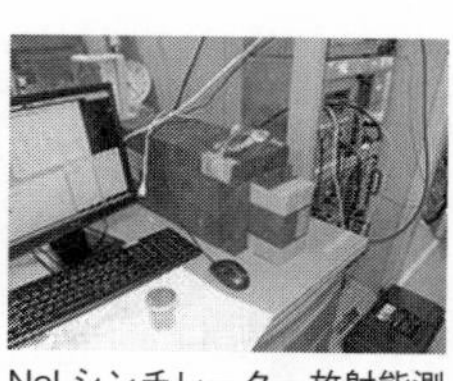
NaI シンチレーター放射能測定システム

会による除染試行の進展につれて、測定サンプル数もうなぎのぼりに増えてきた。測定数増加に対応するために二〇一二年二月末にシニア測定隊（現隊員：宇野、伊井KEKの岩瀬広さんと協働）が結成されて態勢が強化された。その後順調に測定サンプルの増加をこなし、二〇一二年七月五日に、測定サンプル数が一〇〇〇を突破した。

†サークルまでいの活動──放射能データベースの作成

放射線測定は主にKEKとの協働により当初から順調に立ち上げてきたが、土壌や動植物の放射能測定が、緊急の課題になってきた。当初から現地で、ふくしま再生の会は会員のフル稼働で田畑の土などを採取し続けたが、その正確な放射能量を計測しなければならなかった。

現地からの測定依頼が急増したので、私は東大農学部の溝口勝さん、齋藤富子さん、丹羽泰子さん、土居千代さんたちと相談し、農学部に職員の「サークルまでい」を設立し部屋を確保して、教職員メンバーとともに私たちの会員ボランティアも受け入れてもらうことにした。今では毎週火曜日に伊井さん、宇野さん、斎藤さん、丹羽さん、土居さん、高木浩子さんたちを中心に多数のボランティアが集まっている。職員の渡壁典弘さんも多彩な活動をしている。このメンバーが、飯舘村からの資料の整理、測定準備などを行い、放射性同位元素施設の田野井慶太郎さんや広瀬農さん、小林奈通子さん、勝野真佐子さんたち研究者に測定を依頼する仕組みができ上がった。以下は、農学部の部屋の使用のために提出したサークルの設立趣旨である。

サークルまでい　設立趣旨　代表　齋藤富子　二〇一二年一一月一日

活動内容＝福島県飯舘村復興支援ボランティア活動

福島県飯舘村は二〇一一年三月の福島第一原子力発電所事故により、村民は全員避難生活を余儀なくされている。

事故直後から多くのボランティアの人たちが、村の生活を再生させ村民の一日も早い帰村を目指して、毎週末に村民と一緒に緻密な放射能汚染の測定や農水省のマニュアルにない除染方法などを暗中模索しながら試験を行っている。

しかしながら、試験結果の解釈には専門家のアドバイスを必要としている。

こうした状況の中、飯舘村で実施されているボランティアの試験結果の解釈に関して、九月下旬に飯舘村村長から農学生命科学研究科長宛に研究協力要請の書簡が届き、研究科長もこの要請に受ける書簡

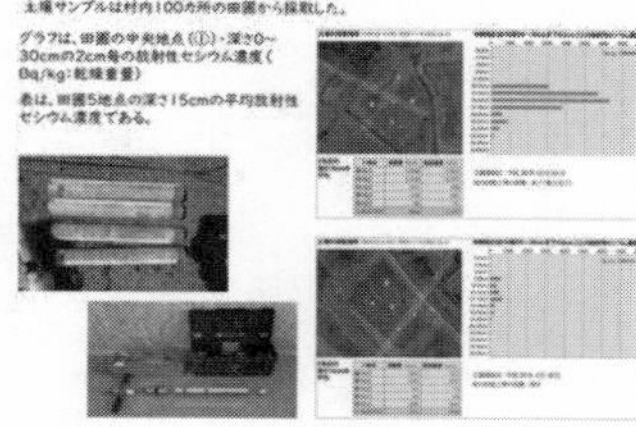

サークルまでいの活動紹介

を返した。これにより農学生命科学研究科の関係者が飯舘村で活動できるようになった。しかしながら、研究科内には何らかのボランティア活動に参加したいと思いながらも現地に足を運ぶことのできない教職員も多く存在する。

そこで、現地に行かなくても東京に居ながら飯舘村再生のボランティア活動に参加できる教職員サークルを立ち上げた。

このサークルには農学生命科学研究科の教職員であれば誰でも参加できる。

当面の活動は、飯舘村で除染した水田に試験栽培した東京地区のボランティアの方々と一緒に米の放射線量を測るための籾を玄米に仕上げる作業を行う予定である。

なお、サークル「までい（真手い）」とは、丁寧にという意味の飯舘村の方言からとった名称である。

多くの会員が現地と首都圏で活動し、測定資料の種類と量が加速度的に増加していった。現在二〇二〇年一〇月までの測定データ数は、土壌サンプル数累計約二万個、その他動植物／野菜サンプル数約五〇〇〇個に達している。これらのデータはを確実に残し、分析して行くためには、どうしてもデータベース化が必要だと考え、多くの努力の上に検索可能なシステムとなっている。これにはＩＴエンジニアの奥山武史さん、中島守利さん、中島公治さんの貢献があった。

†田畑の土壌放射能の測定

放射線量の測定に加えて放射能量の測定も実施しデータを蓄積している。最も力を入れているのは、田畑の土壌に含まれる放射能の測定である。除染前後に土壌を採取し、垂直放射能分布の測定分析を行っている。

放射性セシウムが降ってから、何も手をつけていない農地では深さ五センチぐらいのところに放射性セシウムが溜まったままになっている。しかし、イノシシに掘り起こされたり、雑草の根を抜き取ったりした場所では、浅いところと深いところの土が入れ替わることがある。そのため、放射性セシウムも深いところまで入りこむこともある。環境省の除染工事では、表面五センチほどの土を剝ぎ取り、放射性セシウムを含まない新しい土（主に山砂）を剝ぎ取った場所にかぶせるという作業をする。しかし、イノシシに掘り起こされたような場所では、深いところに放射性セシウムが残ることがある。

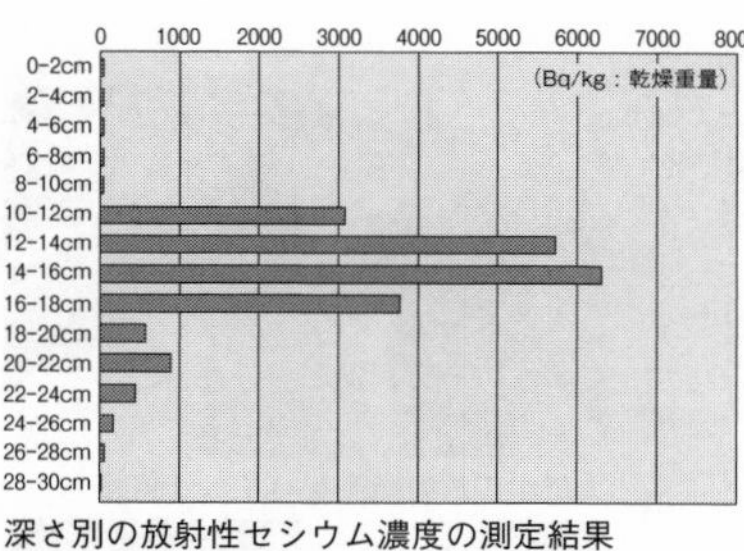

深さ別の放射性セシウム濃度の測定結果
(2016年12月24日)

そこで、以下のような測定を行っている。まず、一枚の田んぼから五地点を選び、除染後の農地に残る放射性セシウム濃度を測る。そして、一枚の田んぼの代表点を選び、深さごとに放射性セシウム濃度を測る。

大気中の放射能測定ハイボリ装置

牛舎前に設置

†大気中の放射性セシウムの濃度

二〇一二年三月二〇日に土器屋由紀子さん（本会理事、元江戸川大学教授、NPO富士山測候所を活用する会理事）が、エアロゾル採取のためのハイボリを設置してくれた。以来、国立環境研究所（国環研）の田中敦さん、土井妙子さん、神田裕子さん、高木麻衣さんとの共同作業が今日までずっと続いている。この装置の吸引量は毎分五〇〇リットルで一日に七二〇㎥である。これが稼働したことで、雪解け前の佐須の大気エアロゾルの放射性セシウム濃度が得られ、雪解け後の砂塵の影響なども測定できる。なお、設定時の牛舎前の空間線量は高さ一メートル付近で一・三〜一・四μSv/h、近くの草むらの枯葉の上では二〜三μSv/hだった。

国環研メンバーによると、二〇一二年三月〜二〇一三年一月の飯舘のエアロゾルの放射性セシウム濃度は、全般的に低濃度ではあるが、つくばと比較して一〇倍とのこと。また、エアロゾルのモニタリングは線量率のモニタリングと比較して放射性核種の変動を鋭敏に感知することができるそうである。例えば二〇一二年九月以降、飯舘村の二地点の比較（佐須と伊丹沢）はほとんど同じ変動を示しているが、二〇一二年四月の初めに小さいピークがともに出た。これは宮城県丸森町でも同時に見られるピークであり、確証はないが福島第一原子力発電所の建屋上部のカバーを外し、ほこりが巻き上げられたという出来事があった時とほとんど一致しているということが私たちの中で議論された。

†ため池の放射性セシウム

地元の農家は、ため池の汚染について不安を感じている。自分の田んぼの水をそこから引いているからである。私は、佐須の北側の玉野の道沿いにある三カ所のため池のそばを車で走っているとき、一つの池の水が干上がっているのに気が付いた。さっそく、小原壮二さんにそのことを話すと、彼はすぐやると言ってくれた。

二〇一四年五月一二日に玉野のため池六地点で採取した土壌を、東京大学農学部「サークルまでい」で2センチ毎に切り分けてバイアル詰めし、同放射性同位元素研究施設のＮａＩシンチレーションカウンターで五月二八日に測定した。以下二点のことがわかった。

①ため池の下流側のほうが、上流側よりも放射性セシウムの濃度が高く、また、表面〇〜二センチに集積している。この結果から外挿して考えると水の残っているところでは、放射性セシウムは底表面のみに集積し、その濃度は一〇万Bq/kg乾燥重量を超えると推定される。②ため池の底の除染をするのであれば、水を抜き、表面〇〜二センチの剝ぎ取りで、九〇％以上の除去が可能と思われるが、水抜きの際に水とともに表面の汚染土が流れ出る可能性も高く、また山の汚染落ち葉や土壌の流入により、再汚染が起こると考えられる。山の除染も含めて、広く考えて対処する必要がある。

†植物の放射能測定

二〇一一年の創設当初から会のメンバーである大阪の森本晶子さん（元高校教師・化学）と話して、村内の植物の放射能を継続的に測定することにした。私は、村民が生活の中に欠かせないと思っている野山の食用植物の測定と、これとは違う意味でコケの測定が重要だと思っていた。森本さんは、さらに飯舘村の草花の美しさにひかれていたので、その観察と記録も合わせたグループを作っていった。染木泰子、大隅晶子、菅野千恵子さんたちが中心になった。

当初、私の車で移動していたので、気になっていた村民の森あいの沢の広場奥のトイレ周辺にあるコケの生えている場所に案内した。さっそく採取した結果は驚くべき放射能量を示した。

このコケについては、最近フランスから問い合わせがあった。チェルノブイリのコケとの関連で福島のコケについて知りたいということだった。北極圏の少数民族の生活はトナカイに依存している。トナカイはコケを食べているので、未だにトナカイの放射能汚染はかなり高いと言われている。コケについては今後も特に注目していきたいと考えている。

以下は、森本晶子さんのレポートをもとに説明したい。

二〇一二年の夏あたりまでに、地域の方に頼まれたものや、気になる植物の放射能を、その都度測定してきたが、その中でわかってきたことは、年を追うごとに放射能が下がっていくことと、コケ類やキノコ類の放射能が他の植物と比べて特別高い値を示すということである。

そこで活動開始後一年が経った二〇一二年夏、地域に生えているさまざまな植物が吸収して

センブリ

男郎花（オトコエシ）

アケボノソウ

キクザキイチゲ

いる放射性セシウム量が、どう違うのかを調べてみようということになった。
飯舘村の山津見神社に行った際に、近くで栽培されていたリンドウの花が美しく咲いていたので、もし今この花を商品化するとしたらと考え、どの程度の放射能を含むのかに興味を持ったので、測定用に花を採取した。ついでに、近くに生えていた何種類かの雑草も採取して、比べてみることにした。また、これらの植物が生えていた土壌の放射能との関係を見るために、表面から五センチほどの土を一緒に採取し、植物の映像や採取場所がわかるような記録写真も撮った。

その後、「植物採取の際の注意」が、以下のように決まった。
①採取した植物を入れる紙袋の風袋（ふうたい）（添付ラベル込）の重量を測定する。
②地上に出ている部分を採取し、そのまま紙袋に入れる。
③食用にするものは、食用部分を採取（根の泥は洗い流す）。
④採取量は、一〇〇グラムから一五〇グラムを目安とする。乾燥・粉砕して二〇ミリリットルのバイアルに二本分（乾燥すると重量はほぼ一／一〇になる）
⑤採取場所の地上一〇センチの放射線量と採取時の正味植物重量を測定する。
植物の採取については、主として宗夫さん・千恵子さんの住居周辺を中心に、経年変化を見るものに加え、食べられる植物（ウド、フキ、ワラビ等）の種類を増やすことと、特に放射性セ

シウム濃度の高いコケ類の種類を増やすことなどを考えている。

†飛びぬけてセシウム濃度が高いコケ

採取した植物の測定データをみると、コケの放射性セシウム濃度が、他の植物と比べて飛びぬけて高い。なぜコケに放射性セシウムが濃縮されるのかというと、栄養素としてカリウムの摂取が不可欠であるコケが、化学的な性質が似ているセシウムをカリウムと間違えて取り込んでしまうからだと思われる。自然界での水の循環という視点で見ると、コケは雨水や山林から川や田んぼへと流れ込む水から放射性セシウムを漉し取るフィルターのような働きをしているようだ。

コスギゴケ

ハタケゴケ

ウメノキゴケ

したがって、除染にコケを利用することは有用に見える。そこで、比較のために多様な種類のコケの採取をしたいと思うが、困ったことに他の植物と違ってコケの場合、似たようなものが多いので名前の同定が難しく、土と一体化しているので土から分離してコケだけの放射能を測定することも難しい。ただし、土がついたままの状態で放射性セシウム濃度が高いことを、除染という観点でみると、コケを土ごと剝ぎ取れば除染になるのではないかと思われる。

†ハウスチームの活躍——土壌博物館、放射性測定小屋等の建設

以前は、工兵隊と名乗っていたハウスチームは、七〇代のおじさんばかり、大永貴規さん、野々垣亘(はじめ)さん、小林伸吉さん、加藤哲男さんたちである。木登りロボットの導入、サルとイノシシ除けの牧柵・電柵の設置・ビニールハウスの建設、そして佐須滑に放射能測定小屋建設、最近では韃靼(だったん)そばの栽培など、村民の要請にこたえて体を使う仕事なら何でも来いというチームである。二〇一七年一二月初めから、佐須滑の事務所前に放射能測定小屋の建設を始めた。冬季に建設するのは狂気だと住民に思われながら、おじさんたちは手作りでログハウスを作り始めた。二〇一八年二月に完成するや、またまた懲りずに厳冬に、飯舘村松塚地区に溝口勝さんの要請で土壌博物館を建設したときは、まるで嵐の中の帆船上の帆掛け作業のようだった。無事メインセールを張り終えた昼は、マイナス五度、最大瞬間風速毎秒一五メートル、湿度八

〇％だから、体感温度はマイナス二〇〜三〇度になっていた。

†農業の再生——代掻きによる田んぼの除染実験

二〇二〇年三月三一日の夕方から菅野宗夫さん宅にメンバーが集まり、春から夏へかけて農地の除染実験を行う方法について議論した。農地の除染方法には、①表土の剝ぎ取り（固化剤を使った剝ぎ取りや凍土剝ぎ取り）、②反転耕（天地返し）、③代掻きなどの方法がある。

この中で私たちが議論を重ねてきたのが「代掻き」による除染である。

代掻きによって除染できるということを理解するには、土中に浸みこんだセシウムの状態について知る必要がある。セシウムは土壌の中の粘土成分に強く吸着している。このため、土の中ではセシウムと粘土を一体と考えることができる。つまり土壌の中から粘土成分を分離して除去すればセシウムを除去することができるというわけである。

代掻きは田に水をはった状態で土壌を激しく攪拌する。これによって土壌の粒が水の中に浮き上がるが、粒の大きな重いものから先に沈殿していく。粘土成分は粒が小さいのでなかなか沈殿しない。したがって、まだ水が濁っている間に、この水を流し出せば粘土成分を除去することができる。あるいは、粘土が完全に沈殿するまで待って水を抜けば、表面にセシウムを含む粘土層を作ることもできる。しかし、代掻きには不安要素がある。

以前に村内の農地の土壌サンプルを採取し放射能の深度分布を調査したが、この調査で、多くの農地では表面から五センチまでの深さにセシウムが集中していることがわかった。代掻きをするときには水をはって軟らかくした土の上で、トラクターなどの重い農機を使うため、攪拌する深さが一五〜二〇センチになってしまう。つまり五センチの深さに集中しているセシウムを、より深い層にまで拡散させてしまう恐れがあるわけだ。沈降速度の差で粘土を分離するとしても、一〇〇％分離できるわけではないから、どうしても深い層にセシウムが残ってしまうのではないかという危惧がある。

この問題をめぐって、すでに何週間かの議論を重ねてきた。

†そういう「手」があったか

議論を重ねるうち、理想的なのは水をはったうえで表層の五センチの土壌のみを攪拌して洗い流してしまうということではないかということになってきた。しかし、問題はそれをどうやったら実現できるかだ。水の上に浮きながら地面をひっかくような機械を開発してはどうかなど、いろいろな案が出された。そして、宗夫さんから画期的なアイデアが出された。

「田車を使ってみたらどうか」。農業を知らない者が多いので、最初は「？」マークが宙に浮かんだ状態だったが、「田の草取りに使う道具」と聞いてやっとわかった。田んぼの中を手押し車のように押して進む農機具だ。とりあえず、さっそくこれを試してみようという結論で、その日の会議は終わった。

†すぐにやってみた

ふくしま再生の会のいいところは、専門家が各専門領域を横断して考え、さらにそこに地元の農民が加わって議論し、素人ボランティアも知恵を出し合い、アイデアが浮かんだらすぐに試してみる、というところだ。田車を使った除染は、翌日さっそく実験された。宗夫さんの田んぼの一部を五×一〇メートル程度の大きさに区切って土手を作り実験田とした。最初に草を取り除く。そこに水を引き入れ、だいたい五センチほどの深さに水をはる。

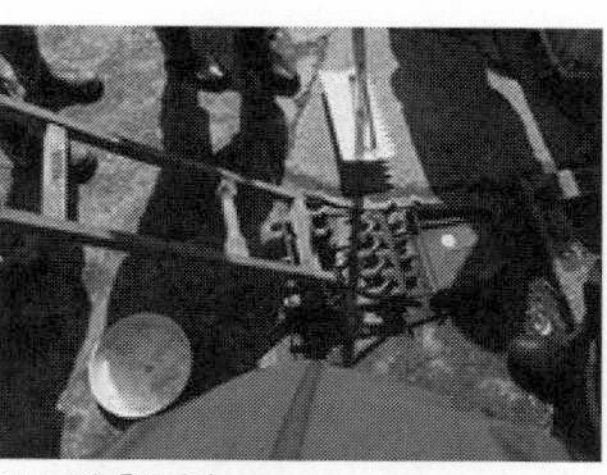
これが「田車」

こちらはエンジン付き田車

ここでいよいよ田車の登場だ。実は、最近では田車による田の草取りというのはあまり行われていない。近所の菅野永徳さんがエンジン付きのものを持ってきてくれたが、これも使っていなくてすぐには動かせない状態だった。ところが宗夫さんは物置

田車隊

ブラシ隊

からは手動の田車が五台も出てきたのだ。宗夫さんもエンジン付きのものも持っていたそうだが、そっちは捨ててしまい手動のものだけはとってあったという次第だ。ラッキー！　早速ふくしま再生の会のかなり年を取ったメンバーで田車隊とブラシ隊が結成された。張り切って泥水をかき出していたメンバーの一人に、武蔵野美術大学の陣内利博さんが居た。彼はこの活動を通して、本会のロゴ（ふ）をデザインしてくれた。

枯草を除去した後、いつものように穴掘り器で土壌サンプルを採取し、その後水を引き込み田車を押し引きして土を攪拌した。これはかなり楽しい作業だった。水の中に泥が煙のように気持ちよく舞い上がった。これを一面に一通りやった後、水の注入を止めテニスコートブラシで残った泥水を掃き出した。実はこのテニスコートブラシは、春の融解凍土掃き出し作業に備えて調達していたもの。融解凍土掃き出しは断念したが、思わぬところで役に立った。これを三回繰り返した。そして水を掃き出すごとに測定器で放射線量を測定した。その値は以下の通りである。

一回目：一二〇〇～一四〇〇cpm
二回目：八〇〇～九〇〇cpm
三回目：五〇〇～七〇〇cpm

この値には、周辺からの放射線も含まれているので、土壌からの放射線はもっと大きく下がっているのではないかと、かなり期待している。三回の作業完了後に、土壌サンプルを採取し正式の分析結果を出した。

土壌分析結果

ねらい通り表層五センチ程度をかき出したと考えられる結果となった。

一世代前に田んぼの除草に使っていた田車による除染技術（浅代掻き除染）の開発実証実験を行い、除染前後の土壌放射能分布の変化を測定し、除染方法の効果を確認した。イノシシにより荒らされ凹凸の激しい田んぼに対し、湛水実験を実施した。これらの方法とまでい工法の組み合わせなど田畑の個々の状況に合わせた除染法を追究している。

線量を簡易計測

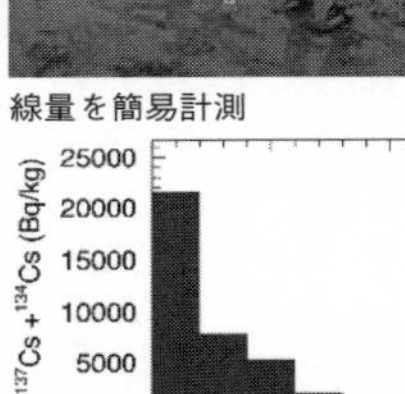

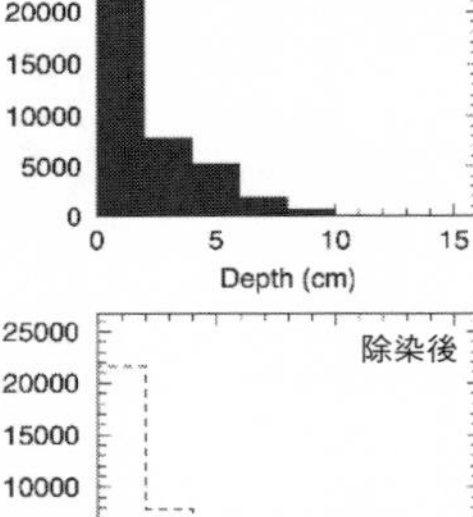

田んぼの表層かき出し除染の結果

田車を使った除染は次のような手順で行った。田圃に水を引き入れ、田車を使って表層五センチの土を泥水状にして流す。泥水を洗い流した後の土壌をサンプリングし放射能を測定する。

除染で出た土壌の処理

洗い流した泥水は溝に溜め、干上がった後に汚染されていない土壌で覆う。
埋めた土壌に含まれる放射能の動きを継続的に測定する。

この方法は後に溝口さんが「までい工法」と名付け、土中のセシウム移動の極めて少ないことを学会で発表している。

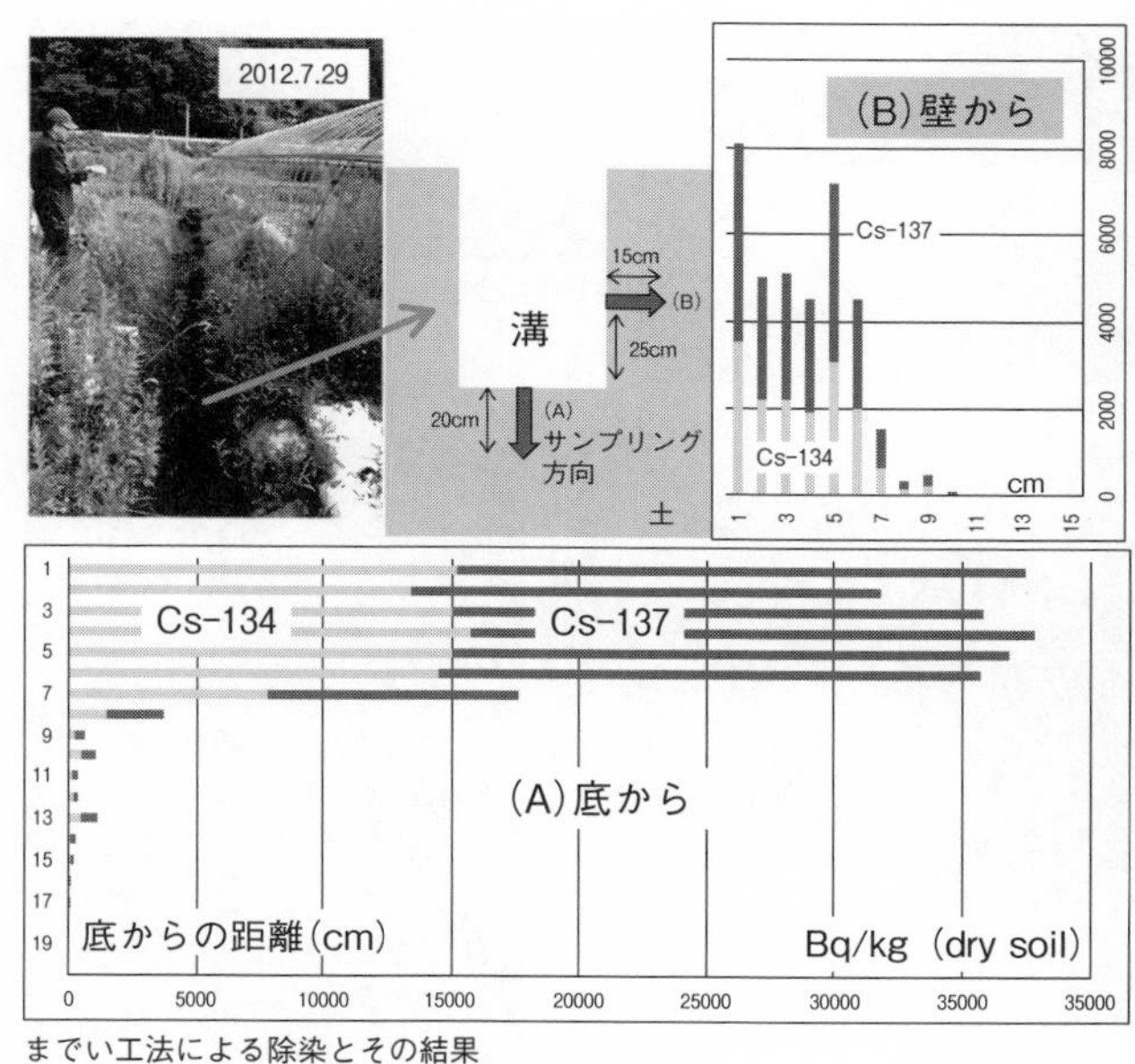

までい工法による除染とその結果

†試験栽培と稲の分析結果

二〇一二年、飯舘村の佐須地区と前田地区の田んぼで試験栽培し刈り取った稲の分析を行った。以下は、その概要報告である。

二〇一二年五月末に、私は高校同期の元毎日新聞記者の佐々木宏人さんの紹介で、宗夫さんを誘って霞が関の農林水産省の農林水産技術会議会長の三輪睿太郎さんを訪ねた。飯舘村の実情を話し田んぼの除染法の開発とその圃場での米の試験栽培の重要性について話した。三輪さんは大変熱心に聞いてくれて、つくばの独立行政法人

前田圃場全景

佐須圃場全景

5点法によるサンプル採取

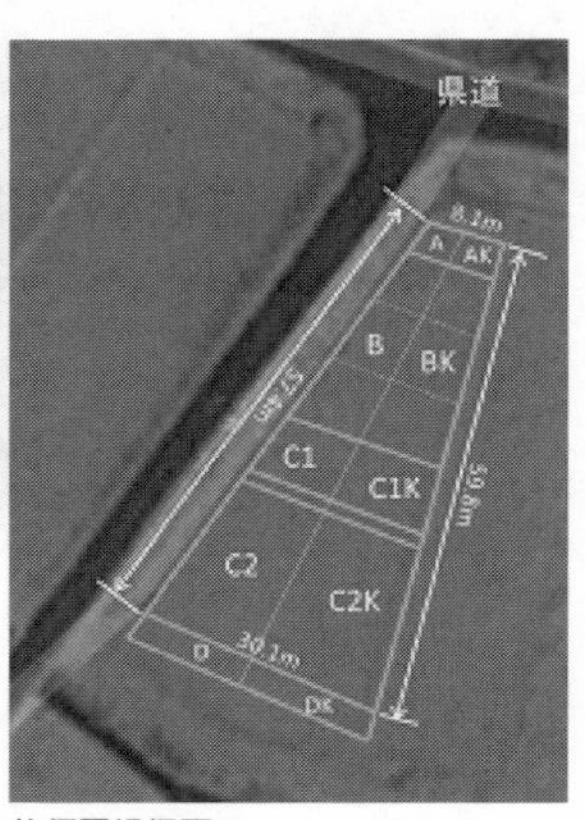

佐須圃場概要

農業・食品産業技術総合研究機構（略称：農研機構）に話しておくからすぐ行くように言われた。

すぐ私は、農研機構に行って、幹部の人たちと話し合った。最初、除染法が環境省の剝ぎ取り工法でないことは問題だ、採れた稲藁の処分をどうするか等で話し合いに手間取ったが、除染と試験栽培を切り離すという私の提案で研究協定内容の合意が得られた。初対面の研究者が、ちょうど飯舘村にチップ化の試験サイトを作るから、バイオチップ材料に使うという処分法があると助け舟を出してくれた。こうして綱渡りの協力が積み重なって、私たちの試験栽培が動き出し、最後に収穫した稲の籾・藁はすべて、後日私がトラックを運転し農研機構に届けて処分された。

試験栽培の実施

飯舘村佐須地区の菅野宗夫さんの田んぼと、前田地区の伊藤隆三さんの田んぼで稲の試験栽培を行った。

区画		面積	カリウム施肥
佐須	A	0.5a	基肥（*1）
	AK		基肥＋K増施（*2）
	B	3.3a	基肥（*1）
	BK		基肥＋K増施（*2）
	C1	1.6a	基肥（*1）
	C1K		基肥＋K増施（*2）
	C2	5.2a	基肥（*1）
	C2K		基肥＋K増施（*2）
	D	1.4a	基肥（*1）
	DK		基肥＋K増施（*2）
前田	IABC	5a	基肥（*3）

（*1）燐加苦土安3号14-10-8を40kg/10a散布
（*2）塩化カリを20kg/10a散布
（*3）セーフティ基肥10-8-8苦土2を40kg/10a散布

各区画の概要

栽培方法

佐須地区の圃場では除染方法（田車による浅代掻きの回数）を変えた五区画（A、B、C1、C2、D）を設け、区画ごとに土壌中のセシウム濃度が変わるように計画した。前田地区の圃場でも、同様に除染方法を変えた三区画（A、B、

C）を設けたが、前田圃場ではイノシシ害などにより収量が少なく、区画ごとに測定できるだけのサンプルにならなかったため、全区画をまとめて一区画（ＩＡＢＣ）として測定した。

佐須圃場では、さらに各区画をカリウム増肥を行った区画（区画名に「Ｋ」を付けた）と行わなかった区画に分けた。

測定方法と結果

（1）サンプル採取

九月一五日～一六日に糊熟期の稲サンプルを採取

一〇月六日～七日に完熟期の稲サンプルを採取

いずれも区画ごとに五点法（区画の中央一カ所、中央と四隅の中間点四カ所）で採取した。

土壌のサンプルは、稲の刈り取り後に区画ごとに五点法で〇～一五センチの土壌を採取した。

（2）測定法

糊熟期と完熟期の籾を籾すり器で玄米とし、それぞれをGe半導体検出器で測定した。

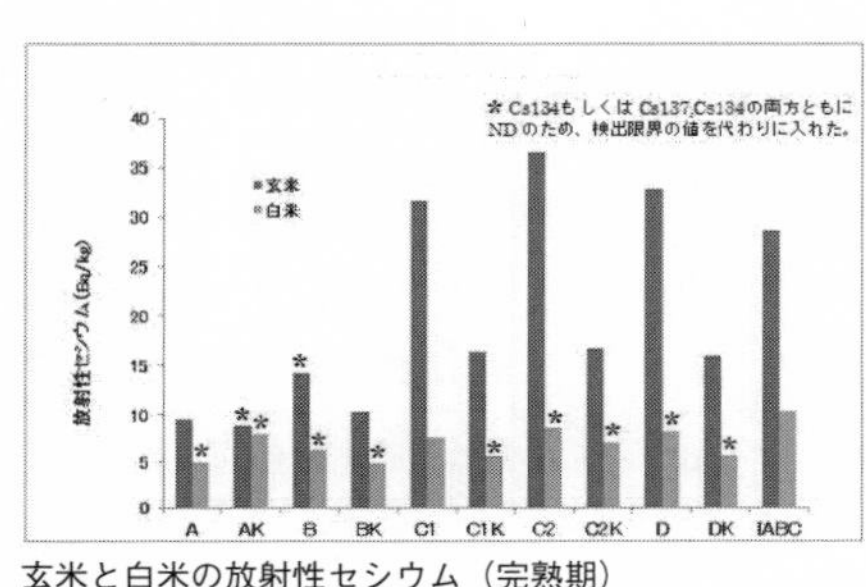

玄米と白米の放射性セシウム（完熟期）

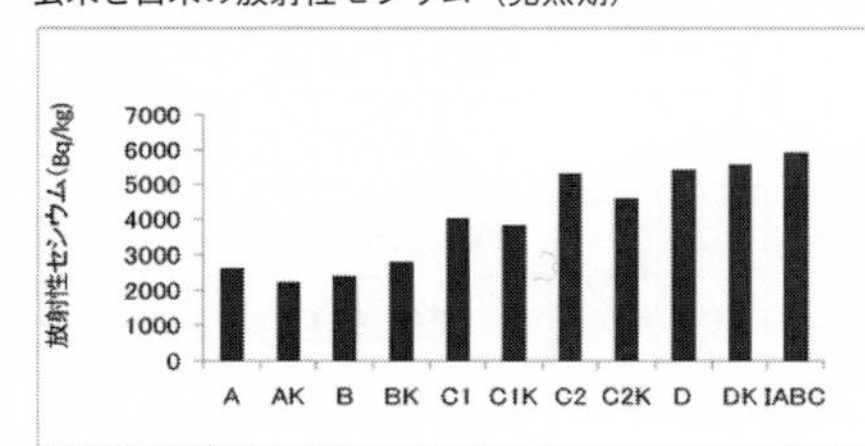

土壌の放射性セシウム

さらに完熟期の玄米を精米器で白米と糠に分け、それぞれをGe半導体検出器で測定した。
土壌の測定は、区画ごとのサンプルをよく混ぜ合わせ二〇ml容器二個をＮａＩ測定器で測定し、二個の平均をとった。

（3）測定結果

測定結果は、前ページのグラフの通りとなった。今回収穫された玄米の放射性セシウム濃度は、いずれも四〇Bq/kg未満だった。カリウムを増施した区画での玄米の放射性セシウム濃度は、いずれも二〇Bq/kg未満だった。白米の放射性セシウム濃度は、いずれも一〇Bq/kg以下だった。

土壌の放射性セシウム濃度は除染方法によって異なり、二〇〇〇Bq/kg～六〇〇〇Bq/kgだった。

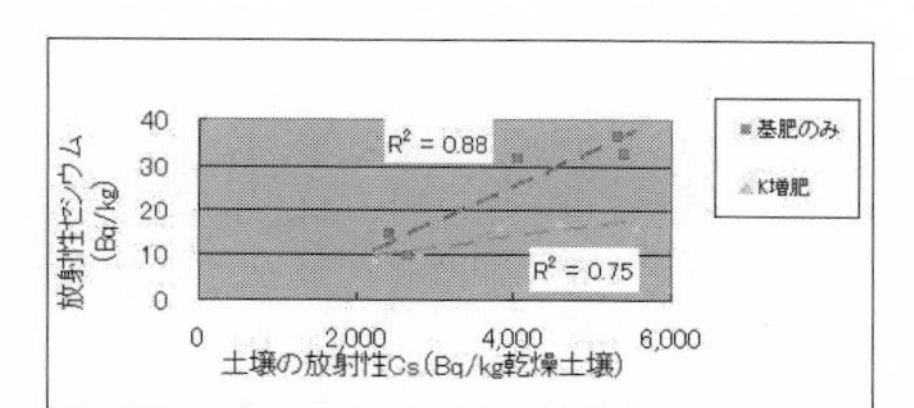

土壌の放射性セシウムと玄米の放射性セシウム

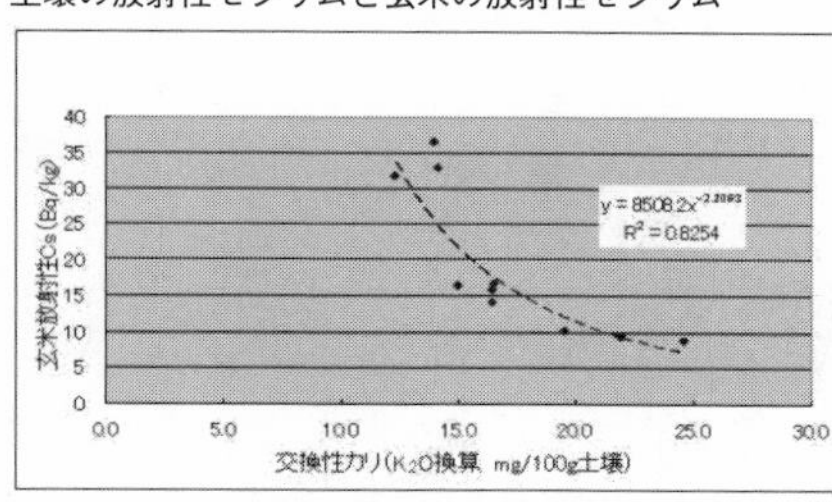

土壌の交換性カリウムと玄米の放射性セシウム濃度

考察

データの解析は主に伊井一夫理事が行っている。

除染によって土壌中の放射性セシウム濃度が低下するのに伴って玄米の放射性セシウム

濃度が低下し、カリウム増施によりさらに低下した。土壌の交換性カリウム含量が二〇mg/一〇〇gより低下するのに伴って、玄米中の放射性セシウム濃度が上昇する傾向が認められた。

以上から、農地土壌の除染とカリウム増施という対策により、玄米の放射性セシウム濃度は低減する。結論として、この圃場で基準値(一〇〇Bq/kg)を下回る玄米の生産の可能性が示された。

二〇一三年六月から、茨城大学の西脇淳子さんが、隣の田んぼの表土を五センチ削り取り、①稲わら投入、②牛糞堆肥投入、③無添加の条件を設定し、CO_2、CH_4ガスの発生を観測した。その結果、低水位でCH_4の放出が少なく、CO_2は常時吸収を示した。

†各地のホダ木を採取し、ナメコを栽培

小原壮二さんが中心になって、キノコの栽培を行ってきた。以下はその報告である。

二〇一六年四月にナメコの菌を植えた桜のホダ木を、比曽のイグネと伊達市霊山町の霊山センター(後述)の雑木林に置いて、収穫を待った。一年七カ月後の二〇一七年一一月に、比曽と霊山センターの両方でナメコを収穫することができた。

最初に比曽で収穫したナメコを対象に、放射能濃度についてナメコとホダ木と土壌の関係を分析した。ナメコの放射能濃度は、二三〇〇〜八万二〇〇〇Bq/kgとばらつきが大きかった。

一回目の収穫と二回目とでは、一回目のほうが放射能濃度が低いが、霊山センターのナメコでも同じ傾向かを調べた。除染済みの所で栽培したナメコの放射能濃度は低く、未除染の所の

ものは非常に高かった。

未除染の所に置いたホダ木の放射能濃度は、除染済みの所に置いたものに比べて概ね高い。ホダ木の放射能濃度の変化を見ると、除染済みの場所に置いたホダ木では減少しているが、未除染の場所では大きく増加している。特に心材と辺材の濃度は大幅に増加している。

†宿舎の確保

ここで私たちの宿舎の確保は、どうなっているかをお話ししよう。

二〇一一年六月から活動を開始したふくしま再生の会は、おもに首都圏から新幹線そして福島駅からレンタカー、または東京から会員の車に相乗りを調整して東北道か常磐道を走ることから始めた。初日の活動後福島駅周辺などに一旦出て、ビジネスホテルに泊まり、翌日朝に再度飯舘村に入り活動して、夕方東京方面に帰るという行程だった。

二〇一三年一月に、宗夫さん一家が避難していた伊達市保原町に地震で壊れたマンションを見つけた。管理人と話すと、何とか使えるとのこと。即座に契約し、什器備品を近所からみんなで買い集め入居した。布団を数組購入した。私は昔のユースホステルを思い出し、各自シーツ二枚持参というルールを作った。上下二枚のシーツの中にサンドイッチ状に寝る、下のシーツは枕の上に掛ける。これで各人は布団に直接触れないという方式だ。これは場所が変わっても二〇一四年の霊山センターまで踏襲した。四～五人の宿泊場所は確保できたが、あふれた人は近くのロイヤルホテルほていやに泊まってもらった。私たちの会は、会費年間一万円（賛助会員五〇〇〇円）なので、共通費はそこから出すが、交通費宿泊費は自弁が原則である。

東京や千葉から相乗り自動車を出してくれる会員が出てきた。これについてはいろいろな議論をたたかわせたが、「車相乗り希望者は、事前に事務局に連絡し、人数が合えば集合場所に来てもらう。車代は往復二〇〇〇円に固定。相乗りの数にはよらない。車を出した人は原則往復を運転する。ガソリン代と高速道路代は運転者が払い、同乗者から二〇〇〇円を徴収する。後で、事務局からその経費を補填し、運転代・車使用料として一万円を補填する」という方式を編み出した。会費と寄付金を補填代に充てるこのやり方で今日までつじつまが合っている。

その後、会員が増え、土日に現地入りする人が一〇人、二〇人となると、交通手段は各自で確保してもらうが、宿泊場所はなるべく一カ所にして意思疎通を図りたいということで、あちこちを探しまくった。営業している村に近いホテルが、伊達市霊山町の紅彩館、霊山こどもの村のコテージ、伊達市月舘町のつきだて花工房、伊達郡川俣町のおじまふるさと交流館なので、これらにかなりお願いした。ただし二食付き七〇〇〇～八〇〇〇円はきつい。こどもの村のコテージは八人で八〇〇〇円自炊なのでずいぶん使わせてもらった。

少しすると飯舘村と周辺の環境省除染が始まった。巨額受注したゼネコン幹部用なのか数カ月先まで予約されてしまうことが多くなり、私たちはあきらめざるを得なくなった。そこで、矢野伊津子さんがインターネットで調べまくり、伊達市霊山町山戸田花水「福島ふるさと体験スクール　やまとだ」という施設を見つけた。私は、すぐそこに電話した。出てこられた酒井徳行さんと初めて電話で、ボランティア団体の宿泊を受けてくれるかと話した。状況についてずいぶん詳しい対話になったが、顔も見ていないのに徳行さんは「受け入れます、来週にでもお越しください、一泊二食付き四〇〇〇円でいいです」と言われた。ここから酒井徳行さん・ヒトシさんとの長い付き合いが始まった（この間の経緯とその後については二八〜二九頁の追悼文でも触れた）。

徳行さんは、福島大学生物学科を出て東京八王子市で長く教師をされ、最後は中学校の校長先生で定年になった。奥さんのヒトシさんも小学校の先生だった。お二人は定年後、徳行さんの故郷に戻り、自宅の山から樹木を切り出して三〇人は泊まれる二階建ての素晴らしいログハウスを建てた。ご夫妻の念願だった、都会の子供たちに農村生活に触れてもらう「ふるさと体験スクール」の実現だった。完成直後、原発事故が発生した。以来、子供たちを故郷に呼ぶ計画は潰えてしまった。そこへ、アラ古稀（七〇歳前後の高齢者集団）がやってきたというわけだ。避難地域ではないが、東電に賠償の可能性を聞いた徳行さんは、過去三年間の売り上げを見せろと言われたと、私に苦渋の顔で語っていた。そういう交渉が如何に苦痛か、まじめな先生はそのようなストレスが高じて入院し、突然、二〇一九年に亡くなってしまった。

二〇二〇年の六月、ヒトシさんから「ハチク（タケの一種。タケノコが美味）を採りにおいで」と連絡を受け、永徳さんたちと出かけていった。いつも徳行さんが自慢していた竹林で、たくさんのハチクを採り、おいしく食べた。

宿泊施設建設へ

会員が増えるに従い、「ふるさと体験スクール」の収容力も超え始めた。どうしようかと考えているところに、大石ゆい子さんから一一五号線沿いに妙な施設が空いているという情報が来た。私はすぐ見にいった。飯舘事務所から相馬に抜ける林道で一〇分、住所は伊達市石田だが、すぐの集落は相馬市東玉野という山の谷川沿いに、七軒の家が並んでいる。一番手前は「診療所」という看板がある。ここの持ち主は、NPO法人小児慢性疾患療育会、施設の正式名は霊山トレーニングセンター、理事長は、千葉県松戸の病院長、丸山博先生ということがわかった。私はすぐ、松戸に丸山先生を訪ねた。初対面の先生は、福島のあの施設をお借りできないだろうか、これこれこういう事情で活動しているNPOです、という私の説明をじっと聞いてくれた。そして「よくわかりました。自由に使ってください」と即決された。そして夕食でも一緒にと小児精神科が専門の奥様も呼ばれ、準備されていたウナギの出前をごちそうになってしまった。

後で親しくなった神嶋威副理事長から聞いてわかったのだが、丸山先生は東大病院小児科の先生だったのだという。確率的にインシュリンを先天的につくれない小児糖尿病の子供がいて、親も気づかないままでいるといろいろな障害が発生する。手おくれで大学病院に来ることもあり、何とかしなければと考えていた。病名がわかっても毎日注射を打ち、カロリーコントロールの食事を作るなど大変な負担が本人や親に掛かる。アメリカで、子供をサマーキャンプに集め、食事や注射や、仲間づくりをし、自立して生活するトレーニングをしている女性医師の試みを知り、日本でもやろうと考えたのだそうだ。

東大の上司に進言したところ、大学病院はキャンプなどを主催するところではないと言われ、病院を辞めてご自分たちで実行することにした。クリニックをやりながら私財をなげうって、霊山に施設を建設したとのこと。しかしふくしま原発事故で全国から小児糖尿病の子供たちを集められなくなってしまった。飯舘村に接している山林に建っている施設なのだが、避難命令が出なかったので、補償金も十分ではない。過去の売り上げなどもないに等しい。私はこれは「ふるさと体験スクール」とも共通の、被害者そのものだと思った。

二〇一四年八月、私たちはここを新しい拠点とし、「霊山センター」と呼ぶことにした。会員の多くは、いったい私が何をするのかと思ったかもしれないが、結果的に子供が泊まるベッドに寝て、大きなお風呂場にゆったりつかり、特別に設計された大厨房で皆で食事を作り、大食堂で食べる生活を楽しんだと思う。年に何回か、近所の住民にも声を掛け、ツアーに来た外国人も郷土料理を作る大パーティーを行った。そこで知り合った多くの人々が、福島の再生に役立つ人脈を形成していった。

二〇一七年春に飯舘村の大部分が避難指示解除となったので、私はやはり飯舘村の中に宿泊して活動をするべきだと思うようになった。そこで、佐須地区に「風と土の家」を建設するという計画を立ち上げたわけである。

†スギ・ヒノキの幹のセシウム濃度

事故の直後、事故現場から放射能雲が飯舘村に流れ着き、住居の周辺に植えられている「イグネ」のスギやヒノキに吹き付けられたため、放射性物質が付着した樹皮や葉が放射線源となって周辺の線量に影響を与えているということはわかっていた。

しかし幹の中にどれぐらいの放射性物質が移行しているのかについては、なかなか測定できなかった。それは、除染前の住居のイグネを測定のために切り倒すことが困難だったためだ。

その後、除染のためにイグネのスギやヒノキが切り倒された。そこで、二〇一四年一一月に、これらの幹からサンプルを作成し、含まれる放射性セシウムの濃度を測定した。

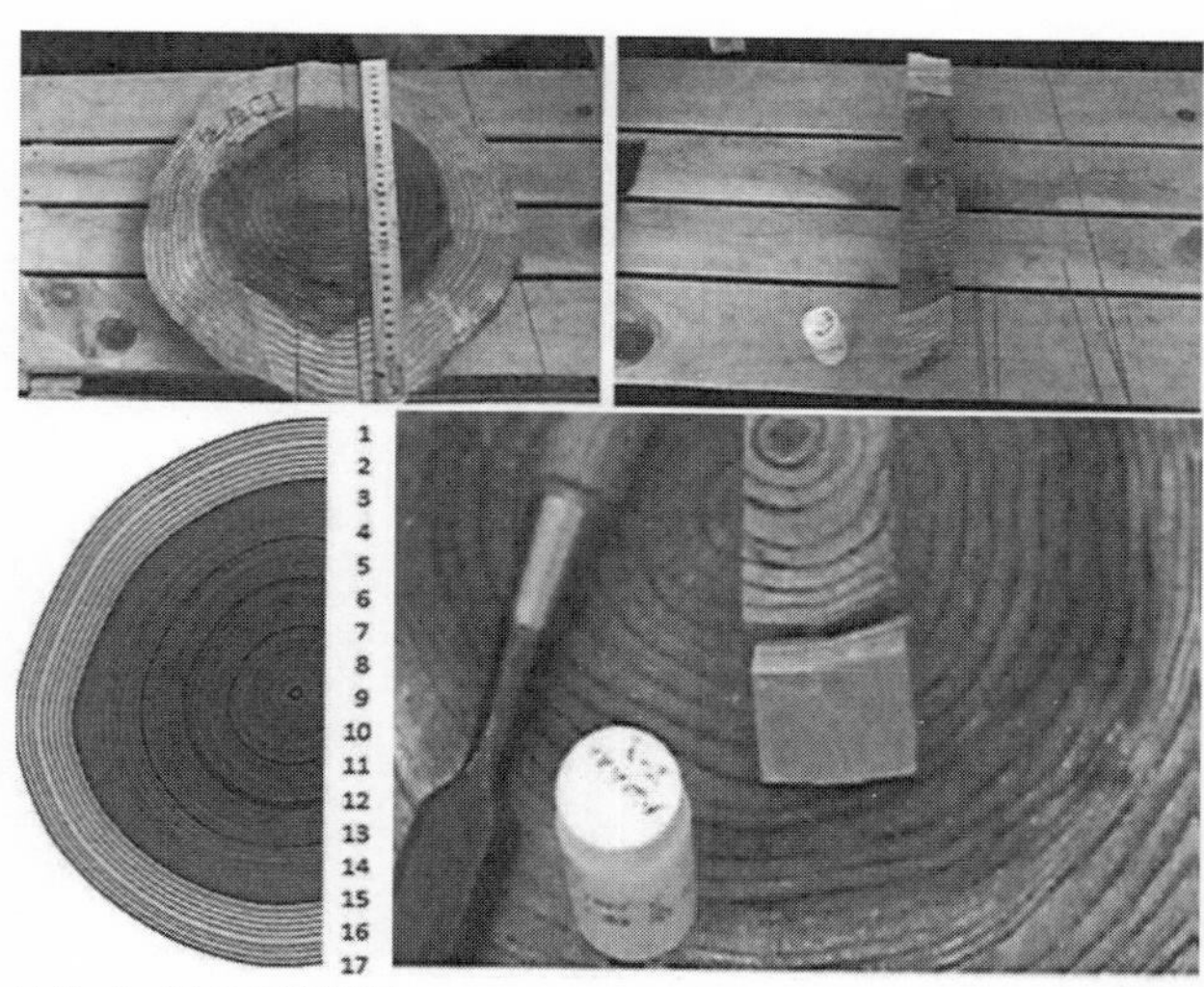

スギ、ヒノキの放射能測定

上図左上の写真のように幹を輪切りにした後、右上のように幹の心を通る角材として、さらに一六〜一七等分した小片をバイアルに詰めて測定用サンプルとした。

上図左下の輪切りの半分のイラストは、サンプル番号を模式的に表したものだ。

次ページの「佐須Ａ２」は、住居の裏のイグネを切り倒したスギで、一四〇センチの高さで輪切りにしたものだ。「佐須Ｃ１」は、同じイグネのスギだが「佐須Ａ２」とは別の木で、切り株から二〇センチの高さで輪切りにしたもの。「佐須Ｃ２」は、「佐須Ｃ１」と同じ木で、Ｃ１から一五〇センチの上で輪切りにしたもの。「小宮Ｋ２」は小宮地区で切り

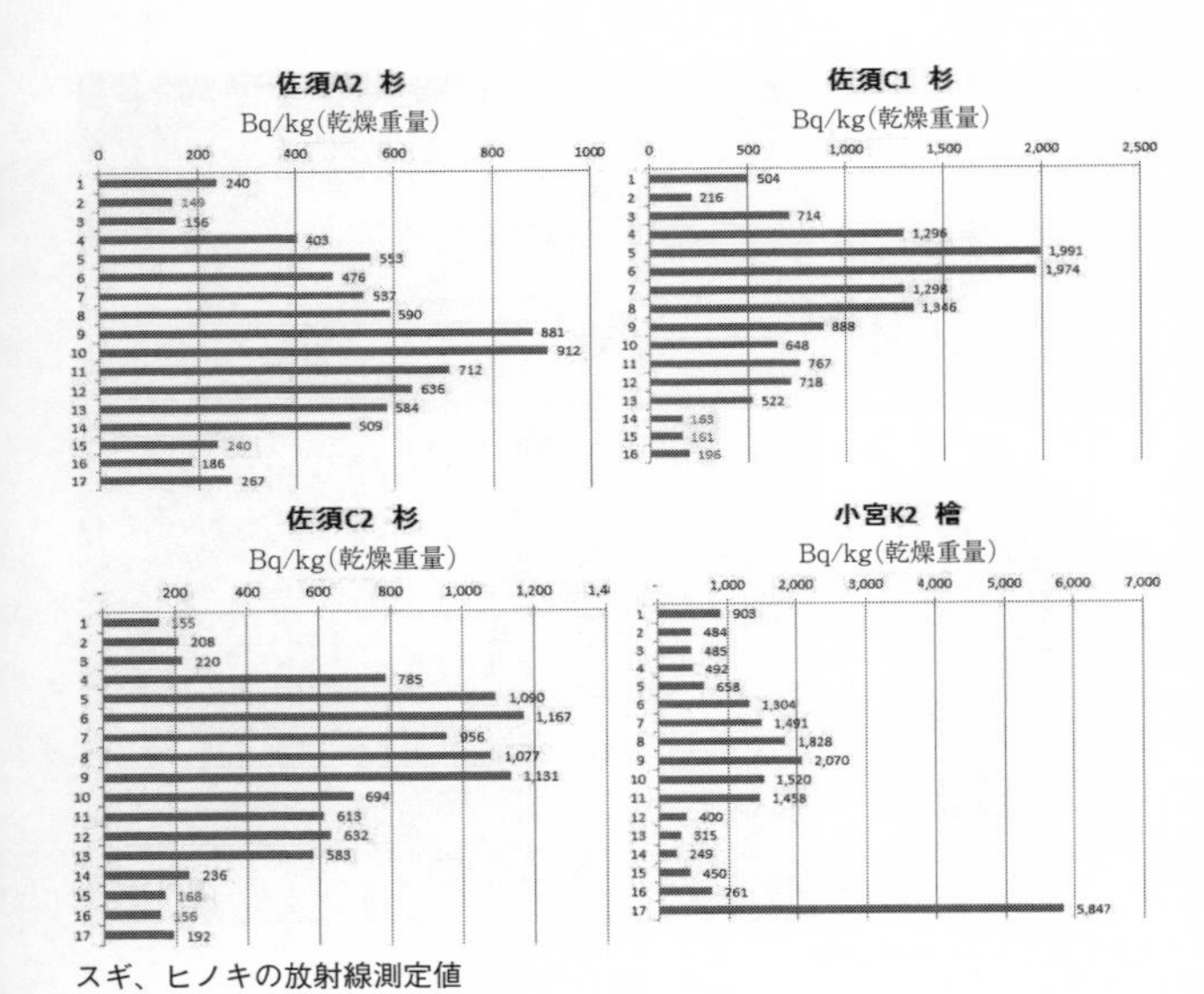

スギ、ヒノキの放射線測定値

倒されたヒノキである。

「17」番は、樹皮である。いずれも心材の部分が周辺よりも高く最大で二〇〇〇Bq/kg程度という結果だった（樹皮を除く）。これらが樹種によるのか、どういう経路で心材部にセシウムが移動しているのか、小原壮二さん、内田理さんはじめ現地入りの会員とサークルまでいが協力し、森林の専門家・益守眞也さん（東大、林学）と協働で測定分析を行った。

†焼却炉の実験

二〇一七年三月一二日に広島から焼却炉（ロケットストーブのコンセプトをもとに新規設計）の資材を車に載せて、松波龍一さんが飯舘村に到着した。

チップ化装置、焼却炉と排気装置・熱交換器、ハウス（三間×三間）建設さらに、ハウス地下に温水循環パイプ設置、排気装置からの排気中放射能計測システム、焼却灰の放射能測定、放射性物質廃棄手法、ハウス内地中温度計測システム、木材チップ自動供給システム、など課題が山積みだったが、メインの設計開発を松波さん、プロジェクトマネージメントを小原さんという体制で、プロジェクトを動かし始めた。

こうして皆さんの総力で、山林再生と農業再生用ハウス暖房への第一歩を踏み出した。

†イノシシプロジェクト

飯舘村ではイノシシが農地を荒らしている。農作物を荒らす野生生物と人間の共存は、原発事故以前からの課題であった。事故後にイノシシが増えているという統計データは確認していないが、実感としては増えているという人が多い。セシウム濃度が高いために肉が食用に適さないので、イノシシ猟が行われなくなったためと言われている。無人となった飯舘村では、人を警戒する必要がないので、自由に動き回っている。

イノシシは土の中から食べ物をとったり、セシウムが濃縮されるキノコを食べたりするためにセシウムの濃度が高い。チェルノブイリの事故から二五年以上も経つヨーロッパでいまだに基準を超えるセシウム濃度がイノシシ肉から検出されるというレポートもある。

このように環境の影響を受けやすく、重要なモニタリング指標であるはずのイノシシだが、体系的に放射性セシウムの測定が行われていないように思われる。食品としてのイノシシ肉に関する検査結果を厚生労働省が公表しているデータはある。そこで、継続的にイノシシのセシウム汚染状況を測定していくプロジェクトを私を責任者としてスタートさせた。東大農学系大学院の協力を得て、解剖と放射能測定を行った。このプロジェクトにあたって菅野宗夫さんは「イノシシたちの霊を無駄にせず生かすことを誓ってほしい」と述べた。食べ物として命をいただくことはできないが、得られたデータを生かすことによってイノシシたちに報いたいと思う。

捕獲したイノシシ

臨時の解剖台

分析の結果はグラフのとおりで、部位別に分析した結果、牛や豚の例と同様に筋肉で高濃度のセシウムが検出された。今回の結果から、さらに調査すべきテーマが出てきた。今後の継続的・体系的な調査が必要である（二〇一三年一月三〇日報告）。

二〇一二年一一月二五日、二〇一三年一二月七日に捕獲されたイノシシは、銃殺後、解剖し各臓器を採材した。その詳細報告は、それぞれの報告書になっている。

ここではそれら報告書以外の①銃殺の記録動画、②五頭の解剖でわかったこと、③福島県警の人たち、という三つの話を記したい。檻を仕掛けている村民やその依頼で射殺する猟友会メンバーには当たり前の光景が、都会育ちにはわからない。

まず、依頼していた村民から宗夫さんに「イノシシが檻に入ったぞ」という連絡が来ると、すぐ私は猟友会と東大に連絡する。エサがなくなると暴れだすから、檻にそのまま置ける時間は限られている。一日ちょっとだ。早朝射殺するなら昼までに東京から来てくれないと死後硬直が進んでしまう。これらが整うまでが大変だ。

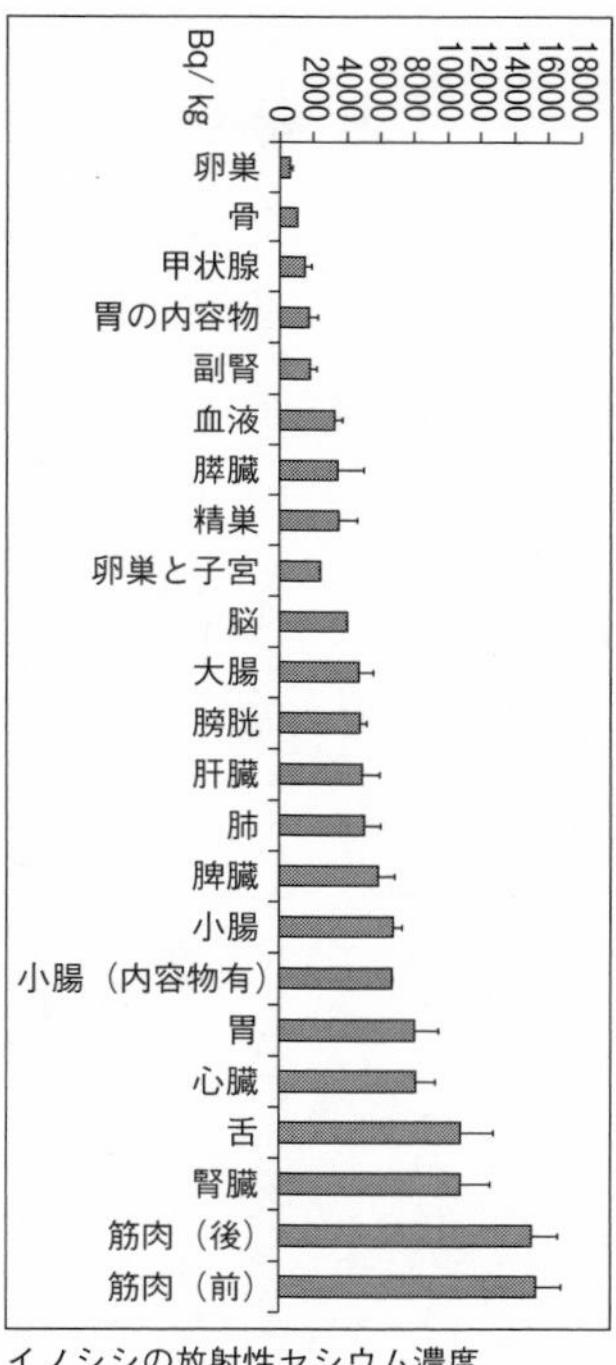

イノシシの放射性セシウム濃度

そして射殺当日の早朝、私たちが現場に軽トラックを持っていく。猟友会会長が檻に近づいて、イノシシの眉間を狙ってライフルを撃つ。瞬間、目玉が飛び出して垂れ下がると同時にどっと倒れる。

その五頭の遺体の四肢を二人で持って軽四輪の荷台の青いビニールシートの上に並べる。宗夫さん宅の前庭にビニールシートを広げて、大きな二頭と小さい三頭を並べる。手術着と帽子・マスクを着けた獣医病理学の内田和幸さん、助手の土居千代さんが、手早く手術道具で腑分けをしていく。その間、私たちは用意していたホースの水で、どんどん出る鮮血を洗い流していく。側溝は赤い血でいっぱいになる。

腑分けされた臓器別の肉は、「ハイ！　田尾さん、これはハツ、ホイ！　これはもも、これは甲状腺、あまり異常ないな」などと言われながら手渡される。にわか仕立ての板の上で、このまだ生温かい肉をナイフで細かく刻んで、一連のナンバーを記録ノートと放射能測定用サンプル容器の上に記していく。この作業が延々と続く。

†動物と共存するということ

当時私が撮影した五頭の銃殺の記録動画は、現場を知らない私たちにとって衝撃的だった。ある意味残酷な記録である。日本や世界の農村では日常的な常識なのだが、自然と共存していない人間には全く未知の世界だ。私は、これを公開したいと思い、周辺に提案し動画を見てもらった。宗夫さん以外の人は、解剖の先生を含め反対だった。

私は「一般人も学生も、自然と人間の共存の一場面として、多少残酷でも現実を知る必要がある」と主張したが駄目だった。動物愛護の組織からふくしま再生の会が袋叩きに会うと心配をする意見も多かった。ここら辺は哲学論争になるなと思う。牛・豚・鶏の屠殺は見たくないし、知らなくてよいが、肉はうまそうに食べる人が多いということか。命をいただきながら共存する、とはどういうことなのだろうか。

私が、カラコルムの山系を登った時には、サポートのパキスタン人が可愛い羊を数頭引き連れて登り、一頭ずつ河のほとりで屠殺して、すぐ食べさせてくれる。その直前にはアラーへの祈りの儀式がある。食べない部分は川に流し、上空を舞う鳥に分け与える。その光景を私は逐一撮影をしたが、登山仲間は近づいてこなかった。私があまりに熱心に撮影しているので、食事係りのチーフが、羊のお尻から採った真っ白な脂身をスプーンで差し出して食べるか、と聞いてきた。まだ生温かいその脂身は大変おいしかった。後で聞くと、それが最も高価で価値のある部位なのだと聞いた。世界の自然の中では、動物たちと共存する哲学が生きている。

獣医でも五頭を同時に解剖することはほとんどないらしい。私は大きい二頭は父親と母親、小さいのは子供たちだと思っていた。内田さんが性器を調べて、この大きい二頭はともにメスでお産経験がない、子供は二頭がメスで一頭がオスだと教えてくれた。本当⁈　五頭は親子ではない。姉の二頭が弟と妹を引き連れて、エサを求めていっぺんに檻に入ってしまったということになる。イノシシの姉たちが弟妹を育てることがあるというのは、「イノシシ社会学」の新発見なのか？

私たちが、大量の血を流しながら解剖をしているところに、福島県警の二台のパトカーが停車した。私は、これは職務質問かな、やばいかなという不安が頭をよぎった。責任者として対応しようとパトカーに近づいた私に、警察官の一人が「あの～、自分たちはイノシシの解剖は初めて見るので、ちょっと見学していいですか？」と言った。私は「どうぞ、どうぞ、よく見てやって下さい」と答えた。

この警察官の中の一人、二宮康剛さんが、数年たって私たちに連絡してきた。「福島県警への応援を終えて警視庁に復帰したのですが、あの飯舘村での光景が忘れられないので、再度訪ねていいですか？」「どうぞ、どうぞ」。彼は非番の時に村にやってきて、今はふくしま再生の会の会員になってしまった。機動隊も経験しているので大変な筋力で、高齢者の多い会員の中で頼りになると人気が高い。

†生活の再生に向けて――心と体の健康のために

私たちは、本会設立の時から健康医療ケアは飯舘村にとって最重要課題だと考えてきた。原発事故の被害地に入るということは、放射線被害の不安に向き合っている住民と直接向き合うことになる。私たち自身が、どう考えるのかが問われる、住民の体に放射線と放射能を含む食品などの影響問題もあり、そこから派生する精神的な影響も大きく住民にのしかかっている。これに対し、直接医療行為をするわけではない私たちのチーム（もちろん医師や看護師や介護士など多彩なメンバーが集まっているが）は、何をすればよいのか？

二〇一一年の秋から、私たちは試行錯誤を繰り返していた。一一月一九日にはガイドヘルパー説明会及び講演会を松川第一仮設住宅集会所で開いたり、飯野町に避難中の村役場に行って意見交換したり、宿泊場所のふるさと体験スクールに酒井徳行・ヒトシさん夫妻や伊達市の地域支援員の人たちと「までい再生ネットワーク」検討会を作って延々と議論したり、杉浦伸郎氏による健康運動教室の実践を研究したり、二〇一四年から特別養護老人ホーム「いいたてホーム」に定期的にボランティアとして入ったり、老母と帰村してしまった人を訪ねたり……。

そして、二〇一五年一月から菅野永徳さん、長谷川花子さんなどの世話で飯舘村村民が入っている伊達東仮設住宅で「足もみ楽々クラブ」を、五月から佐野ハツノさん、木幡一郎さんのお世話で松川第一仮設住宅で、定期的に健康医療ケアのサポートを実施することに行きついた。以来、二〇一八年まで毎月二回、首都圏から十数名の健康医療ケアチームが、仮設住宅二カ所と村内外の健康状態に問題のある人たちを戸別訪問する体制となった。

二〇一七年三月三一日の避難指示解除後、徐々に帰村する高齢者の方々、未だ村外にいる方々を対象に、二〇一七年四月に佐須行政区の老人クラブと共催で「これからの生活を健康に過ごすために」「久しぶりに集まってみんなで楽しく過ごしましょう」の集いを、二〇一八年六月二五日に村内のいちばん館で、第一回「健康いちばん！の集い」を行い、以来それぞれの場所で隔月で四〇〜五〇人の方（サポートの人を合わせると六〇〜七〇人）が集まる会となった。

二〇一七〜二〇一八年は、仮設住宅二カ所と村内二カ所の計四カ所で並行して開かれ、みんな大変な忙しさだった。仮設住宅の閉鎖に伴い、帰村する高齢世帯、若い世代と村外に定住を選択する世帯が明確になり、村内外の行き来が減ったり、仮設で生まれた近所づきあいが失われるなど、行動範囲の縮小や孤独感など新たな不安が生まれることが懸念される。帰村者と村外定住者、あるいは帰村者同士のつながりを支える活動が求められる。

健康医療ケアチームの構成メンバーは、内科医・精神科医・看護師・管理栄養士・社会福祉士・介護福祉士・臨床心理士・整体師・アロマセラピストなどで、首都圏および村内の人たちである（中町芙佐子さんをコーディネーターに、相澤力、青山真弓、石井新市、石井美智子、北村充成、松田純子、三吉譲、八木優子、若佐実枝子、杉山百合子などの皆さん）。

原発事故による長期避難と避難指示解除に伴い、いままで二世帯（世代）・三世帯（世代）で暮らしていた村内の多くの世帯は高齢者世帯となっている。高齢化に伴う身体機能・内臓機能の低下、食生活の質低下を懸念し、できるだけ健康寿命を延ばせるよう、家でも続けることができるストレッチ体操をまず全員で行う。また医師の健康講話・相談・血圧測定などを行い、不安の軽減を図っている。管理栄養士の指導とともに、参加者みんなで「共食」を楽しみ、「しっかり食べること」、「塩分を摂り過ぎないこと」を知ってもらい、自己管理できることを増やしている。さらに足湯・足もみ、カイロプラクティックは大好評である。

現在までの活動場所は、飯舘村佐須地区「佐須公民館・旧佐須小学校」と宿泊体験施設「きこり」だった。これまでに佐須は一六回、いちばん館ときこりは計九回実行されている。旧佐須小学校が二〇一九年末に解体されてしまったので、二〇二〇年秋からは「風と土の家」の隣に一〇月初めに完成する「交流の家」(仮称)で開催する予定である。

現在は、コロナの影響で休止状況になっているが、活動再開の準備を進めている。

†地域コミュニティ再生

私は、飯舘村に移住してここ二年間住んでみて、原発事故の被害地の厳しい現実があることを思い知らされている。それは未だ続く放射線・放射能の影響、それによる農林畜産業の打撃もさることながら、住民の精神・気持ちへの打撃が大きいと思う。国や行政が物理的な除染をやっても、古い家を壊し新しい施設をつくっても、賠償金を支払っても、人々が受けた精神的打撃は消えない。生活の流れを強制的に断ち切られ、家族や友人が考えたこともない生活環境を強制され、その過程で変化し失った人間関係、これらすべてに立ち向かえる人間はそんなにいない。それでも、だからこそ、私は以下のような目標を、住民皆で持つ必要があると思う。

・地域住民が主役の自立した意欲的な村づくり
・新しい生活の糧の創造（農業・林業・工業・文化などの組み合わせ）
・作物の販売ネットワーク・都市農村交流ネットワーク
・健康・医療・ケアの仕組みづくり
・被害の困難を乗り越える逆転の発想

これらが強く求められていると思う。これに挑戦する村民が少数であれ存在することも事実である。これを村外の人も応援してほしい。政府・行政・企業・大学などは、この取り組みを被害者のためだけでなく日本社会の自分たちが産み出した自分たちの課題として解決のサポートを続けるべきであろう。

特にここでは、コミュニティの再生を通して、帰村した村民が将来にわたって住み続けることができる集落を目指す構想を提起したい。帰村した人、帰村しないが故郷に繋がりを求める人、新たに地域に関心をもって訪れて滞在する人など多様な人の交わりを通じて、これまで続いてきた集落の文化を継承するとともに交流人口の増加を通して新しいコミュニティを形成し、村内のモデルケースとしての役割を担う構想を、私たちは二〇一五年から佐藤公一佐須行政区長をサポートし、繰り返し佐須地区村民総会などで提案してきた。

また、二〇一八年からは、学生たちが合流し、全村の地域に入り、新しい若い世代の視点から村の資源の発掘や、古老へのヒアリングを通じた古い文化の再発見などに取り組んでいる。これらの流れの中から佐須行政区地域活性化協議会が生まれ、二〇一七年春に「農泊事業」へ応募し、原発被害地として唯一採用が実現したのである。農泊事業提案書の取り組みのポイントとして以下の趣旨が提案されて、認められた。

「震災直後から飯舘村の再生のために、「認定NPOふくしま再生の会」は村外から多くのボランティア、研究者、学生、視察者などを募り、復興支援活動を行ってきた。本提案では、これらの村外からの訪問者を農泊にも参加してもらうよう誘導することにより、一層の復興につなげる。農泊では農作業、加工食品づくりなどの農村生活体験や佐須太鼓や山津見神社などの地域の伝統・文化に親しんでもらい、村民との協働作業や交流を通して継続的に農村と都市のつながりをつくっていく。村内には農泊事業の展開のための宿泊施設や交流施設が少ないため、施設を整備、充実させていく必要がある。このための宿泊施設は村民が避難生活したログハウス型の仮設住宅を福島県から譲渡を受け、移築、改修し利用することとする。また、農泊で交流を行う施設として、旧佐須小学校の補修、保全を行い活用することを検討する」

旧佐須小学校の保全は、飯舘村行政と住民の総意とならず解体されたが、宿泊施設「風と土の家」が建設され、初年度から八〇〇人の宿泊客を迎え順調な出発となった。二〇二〇年秋にはこの隣に旧佐須小学校の風情を残す「交流の家」が建設された。二〇二〇年は、佐須老人クラブメンバーが、この施設の前の田んぼに一〇年ぶりの田植えを行い、数百本のダリアやザルギクを植え、ヒマワリ・スイセン・名物のゴンボッパを栽培し始めている。ゴンボッパは山草で、この村の古い伝統の凍み餅に入れると、その味は格別である。

宿泊施設の運営は、新しく創られた村民出資の合同会社「虎捕の郷」（佐藤公一代表）が行っている。敷地内には、「交流の家」増築、除染で埋められた池の再生、モリアオガエルの再生、花壇や遊歩道の整備、コミュニティ発電システム整備、星空観測小屋の建設、納屋・茶屋の建設、ふうどＣａｆｅの企画、野菜の即売コーナー、シャワー・トイレの増設などが進められている。パンフレット、プロモーションビデオの制作は一部すでに行われている。

第六章　いろいろな地域の人をつなぐ

†多彩な交流事業の展開

ふくしま再生の会は、現地や首都圏で活動するとともに、それら活動への参加希望者や見学者、そしてツアーとして現地訪問を企画している人たち・団体とも連携する努力を行って、現地受け入れ・ガイドを引き受けてきた。現地見学者ツアーは、参加者をお仕着せのプログラムで動かす一過性のものではなく、福島の原発事故の大きな影響の現実を知り、明確な事実の上に活動する地域内外の人々に接し、自らも参加し、その体験を持ち帰るような新しい交流事業の一つの形だと考えている。このような事業の中で初めて見学者も被害者もそれぞれ自発性・主体性が創られて、本格的に地域に入る若い人も増え、真の意味の地域再生へ前進すると思う。

これまで、ふくしま再生の会が実行してきたツアーは、大学・高校・企業・民間団体・地域団体・外国人団体など多数に上り、多くの参加者が納得し、喜び、人々との交流を楽しみ、満足して再度の訪問を期待して帰っていった。

私たちふくしま再生の会が主催する報告会は、今日まで一九回におよび、東京や福島市、飯舘村内等で実行してきた。被害地に起こっている事実を、会員・関係者はもとより自由に参加する人にオープンに伝えていかなければならないと考えているからである。またそこで発せられる住民の発言やいろいろな人の討議を通じて、その後の活動が実り豊かになっていることも事実である。ここでは、節目での村民の声の記録を中心に、第六回「福島・飯舘村　再生の意味」、第八回「全村避難から4年　いっしょにしゃべっぺ」、第一三回「これから5年　飯舘村村民の思い」、第一七回「飯舘村 in すぎなみ 話して、食べて、つながろう!」の報告会の内容を紹介する。

さらに日本国内はもとより世界各地の、福島で起こっている事実を知りたいという会合やコンファレンスを主催する人たちとも連携し、講演や会合参加を引き受けてきた。飯舘村佐須滑に飯舘事務所、東京の阿佐谷に東京事務所を置き、定期連絡会議を二〇〇五年以降はオンラインも使って行ってきた。私たちはコロナ以前から各種会合をオンラインで行ってきた。飯舘村と首都圏を結ぶ情報連絡は必須だからである。

また当初からホームページ、フェイスブック、ツイッターなども立ち上げ、紙のリーフレット、パンフ類を多く出している。特に避難住民への全戸配布などのパンフ類は、村役場の協力により事故以来継続してきた。本章では、多彩な活動の一端を紹介したい。

†ＧＶＪ実行委員会による要望書──「外国人被災者に確実な支援を」

二〇〇九年秋からアジア二一世紀奨学財団理事長角田英一さんと私は、多言語発信サイトGlobal Voices from Japanという企画を進めていた。これは留学生、日本留学経験者など日本やアジアに関心のある世界の若い世代を中心に運営される参加型・多言語メディアを目指すもので、私が推進役だった。海外から日本に留学する留学生のグループが、インターネットを使って世界に発信する放送局をつくろうという試みである。二〇一〇年一月一二日から三月三一日までは「Global Voices from Japan／外国人の見る日本」というコラムコンテストを開催していた。私が実行委員長を引き受け、評議委員長を明石康さん（国際文化会館理事長、元国連事務次長）、モンテ・カセムさん（当時立命館アジア太平洋大学学長）などで構成し、後援：共同通信社、経済同友会、運営協力：アジア二一世紀奨学財団、ＳＧＲＡ（関口グローバル研究会）、助成：社団法人東京倶楽部というものだった。

原発事故後、即座に在日の外国人に日本人と平等な支援をと呼びかけたのもこの流れがあったからだった。ＧＶＪ実行委員会の日本人メンバーで、下記の「要望書」を作成した。

要望書《外国人被災者に確実な支援を》

Global Voices from Japan は関係各位に下記の要望をいたします。

世界各国から、東日本大震災に温かい支援が寄せられており、改めて世界の一員としての日本が実感されております。この尊い義捐金を一刻も早く、被災者へ届け生活の再建の一歩にしていくことが、私たちが世界の好意に応える義務であります。

ところで、被災地域には約七万五〇〇〇人の外国人が居住し、その中で一九人が犠牲となり二八〇人ほどの外国人が未だ行方不明と報じられています。こうした外国人犠牲者・被災者（居住者・旅行者を含む）には、日本人と同等の義捐金が支給されると報道されてはいます。私たちは、外国人犠牲者・被災者に対して日本人と同等の義捐金支給などの支援が、確実に実行されることを願っています。

また、外国人犠牲者・被災者の中には、在留資格外在留者や超過滞在者なども含まれていると予想されます。こうした被災者の中には、超過滞在や在留資格等の問題で自ら申し出ることができない立場にいる方々も多いと思われます。

私たちは、在留資格種類・有無にかかわりなく、人道的観点から、同等の支援が行われることを要望します。被災外国人の支援にあたり、従来の自治体任せ、縦割りの省庁任せの体制では、外国人側の混乱を助長し、せっかくの善意がかえって諸外国のひんしゅくを買う結果を生みかねないことを危惧しています。

被災外国人の支援を確実かつ効率的に実行するために、私たちは、外国人の所在、被災の程度等の継続的な追跡調査、支援額の決定などを統合的に判断し、一元的に実施する責任を持った独立の体制・組織を立ち上げていただくことを要望します。

この要望は、一刻の猶予も許されないものであり、政治主導による決断と迅速な対応が求められるものと考えます。

関係各位のそれぞれの立場に立った迅速な対応を願ってやみません。

二〇一一年四月一五日

Global Voices from Japan
評議員会議長　明石　康　　実行委員会委員長　田尾陽一
事務局長　角田英一　　実行委員会日本人メンバー一同

本件要望についての厚生労働省の担当者の見解は、以下のようだった「義捐金は「民→民」の関係のため、厚労省等は口出しせず（社会福祉法人中央共同募金会がとりまとめ）、その配分方針等は、各県が委員会を設け決定する仕組みです。御要望については、県の義捐金担当部局に対して、被災外国人が支援の対象から漏れることのないよう、個別に要望される必要があると思います」。

そこで早速私は、旧知の岩手県政策地域部政策推進室政策監の大平尚氏に連絡し、要望書をお送りした。大平さんのご返事は以下の通りであった。

「本県知事が委員となっております国の復興構想会議で、知事の提案した震災復興の四視点という趣旨の中の一視点として、「国際協力事業としての復興」が挙げられております。岩手県の具体的対応ですが、外国人についても、県民と同様の取り扱いを行うこととしております。旅行者については現在確認されておりませんが同様の考え方です」。

上記の岩手県知事の「国際協力事業としての復興」という方針は大変優れていると私は思う。今回の地震・津波・原発事故は、日本だけの問題ではなく、現代世界が抱える共通の問題である。これから長期間にわたり、日本全体が担わなければならない東北地方の復興について、同じ地震・津波に襲われたインドネシア・マレーシア・タイ・スリランカ・インド・バングラデシュ・ミャンマー・モルディブ・東アフリカなどの国々、これからもリスクのある原子力発電所を運用している国々がこの復興計画に参加協力して、そこで得られる成果を共有することは、きわめて重要な課題だと私は考え、その実現に協力していくつもりである。

†オンライン会合Ｔａｌｋ Ｉｎ：Ｆｕｋｕｓｈｉｍａの再生

以上のような経緯で二〇一一年一二月三日に、ふくしま再生の会はGlobal Voices from Japanと「Ｔａｌｋ Ｉｎ：Ｆｕｋｕｓｈｉｍａの再生」の第一回（第四章でふれた）を、二〇一二年三月三日には、第二回を開催した。このイベントは飯舘村と工学院大学（東京）、立命館大学（京都）をスカイプでつなぎ、飯舘村の生の声を日本に留学する学生と日本人学生に伝えることを目的として行われた。飯舘村からは私が総合司会で宗夫さんが参加した。現・元留学生からは予想を超える活発な質問や意見があり、「何か」が届いたということが実感できる会となった。

第二回も飯舘村の宗夫さん宅、東京の工学院大学、京都の立命館大学をスカイプでつなぎ、海外（主にアジア各国）から日本に留学する学生、日本の学生とともに、原発事故によってもたらされた飯舘村の現状について討論するという内容だった。

東京、京都を合わせて三〇人あまりの学生たちに対して、第一回のときは飯舘村からの参加者は私と宗夫さんだけだったが、第二回はさらに、相馬市の大石ゆい子さん、菅野千恵子さん、菅野永徳・和子さんご夫妻、菅野太さん、ふるさと体験スクールの酒井徳行さん、そしてシンガポールのジャーナリスト、フー・チューウェイさんというメンバーが参加した。

フーさんと私は前日に福島入りし、飯舘村から福島市に避難している方々をビデオ取材してあった。第一部として、福島市の松川第一仮設住宅を取材したビデオを流し、留学生たちに、避難生活の様子や、避難されている方々の意見などを見てもらった。

そのあと、自己紹介を兼ねて飯舘村会場の一人ひとりが発言。その後、各会場の留学生からの発言へと続いた。イラクからの留学生は、自身が戦争の際に難民になった経験をもとに「避難している方々の気持ちがよくわかる、希望を捨てずに頑張ってください」と激励した。

第二部は、冒頭に飯舘村から避難している子供たちが通う月舘小学校での取材ビデオを流し、その後討論に入った。そして第三部は、ふくしま再生の会の活動内容の紹介。ここで放射能測定班リーダーも登場し、

準備中の特設スタジオ

本番中の風景（第２回）

最近の活動でわかってきた農地の土壌汚染の詳しい状況についてグラフを見せながら報告した。

韓国での報告

二〇一二年二月、韓国で福島の現状を報告してほしいという要請を今西淳子さん（フォーラム主催の渥美財団常務理事）と韓国側責任者の金雄熙（キムウンヒ）さんよりいただいた。その報告の様子は、SGRAのニュースで金雄熙さんが詳細に伝えてくれているので、少し長くなるが以下に引用したい。

SGRAニュース

第一一回日韓アジア未来フォーラム「東アジアにおける原子力安全とエネルギー問題」報告

二〇一二年三月七日　仁荷大学国際通商学部教授　金雄熙

二〇一二年二月二五日、高麗大学校経営館で「東アジアにおける原子力安全とエネルギー問題」というテーマで第一一回日韓アジア未来フォーラムが開催された。昨年三月の福島原発事故後、ほぼ一年が過ぎようとする時点で、「本場」では真正面から取り上げにくいということと、東アジア（協力）という視点も必要という判断から、先ずはソウルで議論してみることになった。今回のフォーラムの講師の顔ぶれは「大物」が多く、また全く違う立場から原発問題を考えているという特徴があった。

基調講演者の金栄枰（キムヨンピョン）先生は長年韓国で原子力問題を研究され、原子力政策フォーラム理事長を務める方である。役職からも予想されるように、明らかに原子力の必要性と安全性を強調する「教科書的」な議論を展開した。これに対し、多彩な経験をお持ちの田尾陽一さんは、「福島再生」という観点から、除染作業など現場での再生努力の一部を紹介した。田尾さんとはフォーラムの一週間ほど前、東京でお会いする機会があったが、その時、孫正義さんを「孫くん」と呼んでいたことと、美味しい「福島産放射能マツタケ」の話に驚いた。田尾さんの議論がちょっと浮いてしまうかもしれないという心配もあったが、とても「新鮮な」議論であり、オーディエンスからの受けもよく、見事に当たった結果となった。

全鎮浩（チョンジンホ）さんは福島原発事故以来、韓国で最も忙しくなった国際政治学者の一人で、中立的観点から東アジアにおける原子力安全協力の重要性を強調した。最後のスピーカーの薬師寺泰蔵先生は「科学技術と国家の勢い」という文明史的観点から「坂の上の雲」としての原発の必要性について力説した。田尾さんとは長いお付き合いのようで酒席などでは議論がよく嚙み合うような感じだったが、原子力問題となると、目には見えないものの相当隔たりがあるような気がした。

このフォーラムの創立メンバーの李元徳（イウォンドク）さんの司会で行われたパネル討論では、ウクライナのオリガ・ホメンコさんによる貴重なチェルノブイリ体験談や経済学者の洪鍾豪（ホンジョンホ）さんのコンパクトな提案を聞くことができた。時間が限られていたせいか、案外激論もなく閉会した。

食事会では、奈良の今西酒造「春鹿」で「一気飲みラブショット乾杯」があったといわれている。しかし、残念なことにその場に遅れて到着したため直接確認することはできなかった。「春鹿」は二〇〇九年度の第九回慶州フォーラムで奈良から空輸してきた一升瓶が目の前で割れて消えてしまう大事件があって以来、日韓アジア未来フォーラムの公式乾杯酒となっている。未来人力研究院の李鎮奎（リジンギュ）先生が法事で早く帰られた関係で飲みが足りなかったせいか、場所を変え宿泊先の有名なドイツビール屋でもう一杯をしたあと、第一一回フォーラムは終了した。

韓国側主催の時にいつも感じることだが、私の予想からしては「満員御礼」に近いレベルの（李先生に動員されたかもしれない）聴衆の数に驚いた。終了まで席を外すことなく真摯に講演や議論を一生懸命聞いてくれた学生諸君にこの場を借りて感謝したい。当たり前のことだが、このフォーラムを形にしてくれた今西さん、石井さん、金キョンテさん、そして忙しいところ参加してくれた韓国SGRAの皆さんにも感謝しなければならない。とくに素敵な食堂に案内してくれた幹事の韓京子（ハンギョンジャ）さん、本当にお疲れ様でした。

最後にちょっとした心残りと次回フォーラムのご案内。異なる立場からの素晴らしい講演のわりには立ち入った議論に踏み込めなかった限界は残したものの、いつものように、本当に、形式、内容、そして番外の三拍子が揃った素晴らしいフォーラムであったと思う。次回フォーラムは今回のフォーラムのセカンド・ラウンドとして福島でという動きがあるということにご注目！　ぜひふるって参加してください。

私は、韓国の原子力関係の集まりで福島の話をしてほしいと信頼する今西淳子さん、金雄熙さんから要請され、とにかく福島で起こっている事実を知らせるべきだと考え、ソウルの高麗大学まで出かけて行った。どういうメンバーが集まっているのか全く知らなかった。私の講演の前に、金栄枰という人が基調講演を行った。同時通訳を聞いていて驚いた。いろんな人がいろんな意見を持っているだろうとは思っていたし、冒頭から原子力推進の人が話すのも日本のこのクラスの人と同じだなと思って、普通に聞いていた。

しかし、彼が「福島の事故は、我が国にとってチャンスだ。東南アジアや世界に向かって、韓国製の原発を売りまくろう」と言ったときは、正直たまげてしまった。次の私の話は、事前に考えていた筋書き通り、淡々と福島の現実、事実を報告して終了した。日本政府や東京電力の行っている事実と、被害地に起こっている現実を述べることは、真っ向から反原発の考えを述べるより説得力があると考えているからだ。心なしか、聴衆の拍手は金先生より多かったと感じた。儒教思想の影響なのか、日本もひどいと思うが、この国のほうが長老や先輩に批判的な見解を述べることを遠慮すると聞いたことがある。

私の後の若手専門家の発表内容も慎重に金先生への批判を避けているように感じた。会合の最後に、何か一言という司会の人に促され、私は短く次のような話をした。どのように通訳されたかはわからなかったが。「このように多くの韓国の方々が、私の福島で起こっている事実の話に耳を傾けていただきありがとうございました。最後に一言申し上げたい。福島で起こっている事実はこれまでの概念を根本的に考え直すことになったと思う。それらの事実を真剣に見て思考することなく、従来の考えの単純な延長で、原発推進をしたいという人は、日本の関係者にも多いが、そういう人は少なくとも科学者とは言えないと思います」。その後拍手が長く続いたと思う。それは金先生への批判を間接的に表明する拍手だったと思いたい。

†スウェーデン視察団来訪

二〇一二年九月一四日、スウェーデン大使館から本会へ本国からの視察団の飯舘村訪問を受け入れてほしいという依頼があった。この視察団は「KAMEDO」という組織が東日本大震災と福島の原発事故を調査し報告書を作成するために派遣した専門家の調査グループである。KAMEDOは、一九六四年から続く組織で、現在はスウェーデン健康福祉委員会の一部となっており、世界各地の災害、事故の現場へ調査団を派遣して報告書を作成することを任務としている。今回日本に派遣された視察団は、医療グループと除染グループに分かれており、飯舘村を訪問したのは除染グループの一三人（随行する大使館員を含む）だった。政府の緊急事態局職員、原発立地の地方行政府職員、放射線の専門家、農業の専門家という構成である。

最初に宗夫さんが自宅で、事故から現在までの経過、事故後に考えていること、今の思いなどを語った後、外に出て宗夫さん宅周辺でふくしま再生の会がやっている各種の再生への取り組みを説明した。その後、宗夫さんと私もバスに乗り込んで説明しながら、山津見神社、草野の除染モデル地区、いちばん館の見守り隊詰所とまわって、最後に比曽の菅野啓一さん宅まで行った。啓一さん宅では、啓一さんが事故当時、比曽の行政区長として少ない情報に振り回されながら対応しなければならなかったことや、避難後に地区をまとめていくために苦労したことなどを話した。住居裏のイグネ（屋敷林）の除染現場を視察した後、啓一さん宅の居間で、まとめの会が行われ、団長のペレ・ポストヤードさんが

宗夫さん宅でプレゼン

除染現場視察

「バスの中から美しい村の風景を見ながら、こうしたことが我が国で起きてほしくないと考えていました。同時に、村を愛し守るというみなさんの強い決意、行動力に打たれました」と感想を語った。レポートは翌春に、インターネット上で公表された。

†SGRAスタディ・ツアー「飯舘村へ行ってみよう」報告

スタディツアーに参加したソンヤ・デールさんのレポートを紹介したい。デールさんは上智大学大学院グローバル・スタディーズ研究科博士課程に在籍する、上智大学比較文化研究所リサーチ・アシスタントだ（ウォリック大学哲学学部学士、オーフス大学ヨーロッパ・スタディーズ修士。二〇一二年度渥美財団奨学生）。

ソンヤ・デール「ふくしまから帰ってきた私の素直な感想」二〇一二年一一月一九日

豊かな緑。素晴らしい景色。朝の散歩をしながら、ふくしまが私のノルウェーの実家を思い出させ、懐かしい気持ちいっぱいで新鮮な空気を贅沢に深く吸い込んだ。ノルウェーの実家は、ライカンガー（Leikanger）という小さな村で、今回訪問した飯舘村と同じように農業が主な産業である。人口が少なく、各住宅は広く、隣家と距離がある村である。そのライカンガーで、私は毎日山の豊かさと孤独さを楽しんでいた。今でも懐かしく思い出すし、すぐに帰りたいという思いはずっと心の奥にある。

ふくしまにいた間に、複雑な気持ちを抱いたことはたくさんあった。まずは、人がほとんどいなかったこと。特に飯舘では、ふくしま再生の会のボランティア以外はひとりも見かけなかった。素晴らしい緑を一人占めできたが、今はそのような場合ではない、という現実をすぐ思い出した。ふくしま再生の会の代表の田尾さんの案内で、飯舘の空気、土、植物等の放射線量を計り、ここは人が住める場所ではないということを理解し合った。しかしながら、「住めるか住めないか」という問題だけではない。

最初の夜に泊まったふくしま体験スクールで、ご主人の酒井徳行さんの話を聞いた。原発事故の影響で農業ができなくなったせいで、生活のことが不安になり自殺した農業者が、その小さい村にもいた。原発の問題は、「生きるか生きられないか」、もしくは「生きたいか生きたくないか」という問題でもある。

おひさまプロジェクト、いいたてカーネーションの会、いいたてホーム、ふくしま再生の会。ふくしまの再生のために、頑張っている方々の話をたくさん聞いた。絶望的な状況の中で、ふくしま、友達、自分、みんなのために明るい状況を作ろうとしている人々である。放射能の恐れで若者と子供がほぼ全員いなくなった村では、孤独さ、寂しさ、絶望に毎日襲われているのだろうが、私たちが出会った皆さんは、とても元気で、精一杯頑張っている。尊敬せざるをえない。

ふくしまから東京に帰った夜に、友達と夕食をして、私のふくしまの経験について話した。一人の友達が、「福島に行ったら、きっと自分の無力を感じるようになる」と言った。ふくしまのために、何かしたいが何もできないという思い込みは、珍しくないと思う。私も、その気持ちがよくわかる。しかし、この機会に、ふくしまのためにできることについて、少し考えてみたい。

ふくしまの住民の声を聞いている時に、「政府に頼れない」というセリフが、何回も繰り返された。この気持ちはふくしまの住民に限らず、日本の国民全体に広がっている感覚だと思う。政府を信用できない、政治家が市民のことを考えていない、日本の政治はもうダメ、というような意見は、様々な場面で聞こえる。そして、政府に頼れないと思っているから、選挙で投票しない。政治に興味を持たない。このような態度は、特に日本の若者の中で非常に明らかである。しかし、政府が国民のためにあるものでなければ、何のためにあるのだろう。また、政府に信用がなくても、政府の決めたことはみんなの生き方や生活に影響する。例えば、ふくしまの場合だと放射能の危険レベルや、どこの地域を立入禁止にするかなどは政府が決めることだ。

ふくしまにいた間に、一番印象的だったことは若者や子供がいないことだった。そして、お年寄りも自分の家に居られないことだ。人生の価値についての話に入るつもりはないが、放射線の影響は、すぐにわかるものではなく、何年かたってからその結果がでる。もしそういうことだったら、お年寄りは、自分が生きている間にその影響を受けないだろう。そういうことだったら、危険でも、自分が居たい場所に居ていいんじゃないか、と私は心の中で思っている。しかし、立入禁止区域は個人の決定ではなく、政府が決める。

私は、ふくしまのためにできることは、政治に興味をもつ、ということだと考えている。「日本が沈まないように強いリーダーが必要」という意見が最近よく耳に入る。しかし、私はそう思わない。それより、ちゃんと人の話を聞くリーダーが必要ではないか、と考えている。

三〇歳に近づいている私は、まだ「若者」だといえるだろう。そのため、周りにいる「若者」の政治や他人への無関心さがとても気になる。原発の問題や、政治の話などに全然興味を持っていない若者が、たくさんいるように思える。自分の生活に関わっている問題なのに、どうして興味を持たないのか、私にとって謎である。考えない、あるいは無視する方がきっと楽だろうが、やはり考えてほしい。自分の周りにいる、苦しんでいる人々、または自分の生き方に影響すること、ちゃんと考えてほしい。もっと、目と心を開いてほしい。

少しおおざっぱな感想だが、ふくしまにいた間の複雑な気持ちが、東京に帰ってからの欲求不満に飲み込まれて、周りの無頓着な学生たちを見ると毎日いらいらしている、ということである。ふくしまスタディ・ツアーは、大変良い経験だった。ぜひ、皆さんも、一回だけでも行って、ふくしまの人々と話してみてください。

†アメリカ土壌学会での「ふくしま再生の会」についての発表

ここで、横川華枝さんのふくしま再生の会に関する研究を紹介したい。この論文は、アメリカ土壌学会で発表された。

飯舘村再生を目指す協働の成り立ち——ふくしま再生の会を事例に

——Collaboration Structure Aimed at Resurrection of Iitate Village

https://js-soilphysics.com/downloads/pdf/125053.pdf

横川華枝・溝口勝　東京大学大学院農学生命科学研究科

要旨

高濃度の放射能汚染のために全村避難の対象である福島県飯舘村において、NPO法人「ふくしま再生の会」を介して住民、行政、大学・研究機関、専門家、ボランティアが協働して被災地域再生プロジェクトを実施するという協働の構造が存在する。その構造はふくしま再生の会会員がそれぞれのバックグラウンド、人脈や経験、専門知識を活かしながら、プロジェクトを効果的かつ円滑に進めることによって成り立っている。

1　はじめに

二〇一一年の福島第一原子力発電所事故により放射性物質が飛散した福島県飯舘村は、高濃度の放射能汚染のために全村避難対象である。そのような状況で二〇一一年六月、飯舘村佐須において飯舘村住民と研究者を中心とした「ふくしま再生の会」による、住民参加型の復興を試みる取り組みがスタートした。数名のメンバーから始まった彼らの試みは今や住民、行政、大学・研究機関、専門家、ボランティアを巻き込み大きく発展している。本報告では、飯舘村で活動を続けるNPO法人「ふくしま再生の会」(以下ふくしま再生の会)を取り上げ、住民、行政、大学・研究機関を擁する協働の成り立ちを明らかにする。さらに東京大学大学院農学生命科学研究科(以下東京大学)における職員ボランティア「サークルまでい」とふくしま再生の会の協働を考察する。これらを明らかにすることによって、住民、行政、大学・研究機関、専門家、ボランティアによる協働の現実的な一構造として提案したい。

2　方法

2・1　ふくしま再生の会

ふくしま再生の会は、二〇一一年六月に福島県飯舘村佐須を拠点として設立した。二〇一三年三月二八日時点で二二二名を数える会員は、元研究者、現役研究者、飯舘村の住民、元行政関係者等、多様なバックグラウンドをもつ。中心となって活動する会員の一部は自らを「アラ古希」（七〇歳前後の意）と名乗っていることが示すように、シニアメンバーがグループの核である。主な活動は、空間・土壌放射能測定、放射線・気象・土壌のモニタリング、除染技術の研究開発、産業再生のための新産業の検討等の研究活動である。これらの研究成果はホームページ[1]で公開されている。

2・2　調査方法

二〇一二年一〇月二七―二八日のふくしま再生の会の活動、二〇一二年のサークルまでいの活動に三回にわたり参加した。ふくしま再生の会代表である田尾陽一氏を含む会員に対して自由な対話でインタビューを行った。

3　結果と考察

3・1　住民、行政、大学・研究機関の協働

ＮＰＯ法人であるふくしま再生の会は、住民、行政、大学・研究機関のそれぞれとつながりを持ち、三者が協力して円滑に物事を進めるための潤滑油としての役割を果たしている。

たとえば会員の一部は元研究者である。それぞれが築いてきた人脈を活かし、ふくしま再生の会と提携協力先の研究機関をスムーズに結びつけた。この働きによって、たとえば放射性物質を含むサンプルの分析は東京大学やＫＥＫ（高エネルギー加速器研究機構）に依頼することができるという体制が整っ

ている。[2] また、彼らは豊富な専門知識・技術を提供することによって、住民たちの地域に特化した知恵に基づく、地域に根づいた再生計画のアイデアを後押しする。計画が実現可能であることを示す根拠や検討に必要な情報を補うための研究計画を立案し、大学・研究機関の専門家たちと協働して研究を進める役割を果たしている。さらに、行政上の手続きや課題への対処に長けた元行政関係者が会員にいるため、そのアドバイスによって、プロジェクトが円滑に進むこともある。以上のように、ふくしま再生の会は多様な会員のそれぞれのバックグラウンド、人脈や経験、専門知識を活かしながら住民、行政、大学・研究機関三者の協働をサポートする。

3・2　東京大学ボランティアとの協働

前述のとおり東京大学はふくしま再生の会からサンプルの分析を依頼されている。実際には農学部RI施設が分析を行っているが、その作業は、サンプルを約六〇〇本の試料びんに詰めるといった時間と手間のかかる作業を含むため、東京大学の職員が立ち上げた「サークルまでい」が作業の一部をボランティアで行っている。サークルまでいは震災復興のために役立ちたいという考えを持つ職員たちから構成されたボランティアグループであり、昼休みや就業後の時間を利用して活動している。このように、ボランティアたちが所属組織を介してふくしま再生の会とつながりをもち、その活動を下支えしているという構造が存在することは、協働構造の裾野の広がりを示す一例として特筆すべきであると考える。

4　おわりに

住民、行政、大学・研究機関、ボランティアは、被災地再生という目的を共有している一方で、それぞれの活動は別々になりがちであり、協働の実現は難しい。しかし、この事例においてはふくしま再生の会を介してつながりを持っている。その協働の心髄は人である。紙面上の契約や協定の裏に、多様なバックグラウンド、経験、人脈をもつ人の存在があってこそ、このような協働が実現するのである。

参考文献等
（1）ふくしま再生の会 http://www.fukushima-saisei.jp
（2）横川ら（二〇一二） http://www.iai.ga.a.u-tokyo.ac.jp/mizo/lecture/noukoku-1/group-work/2012/G6.pdf

横川華枝さんは、ふくしま再生の会の中心メンバーを研究者だと誤解しているところもあるが、本当は元会社員・職人・医療福祉関係者・元高校教師・元／現研究者など多岐にわたる一般人と現地住民の集まりである。横川さんが、この論文をアメリカの学会で発表する時に、私が「協働とは？」という題で飯舘村の集会で話している場面を一分ほどの動画（https://www.youtube.com/watch?v = fp2E_M5mJH0）にまとめ、英語の字幕を入れて上映し、アメリカ人の爆笑を誘ったと聞いた。

何を私がしゃべったかというと、

「私たちは支援者、宗夫さんは支援される側という関係だとよく考えられがちなんですけど、これをやめましょうと言ってきました。その関係を協働という言葉で表しているんです。ボランティア、村民、研究者などが協働しましょうと言っているんです。何で、支援者と被支援者という関係をやめようと言うのかというと、お互いくたびれちゃうんですよ。支援者というのは、支援の押し付けに来ているんではないし、自分が何か役に立つでしょって見せつけようとしているわけでもないし、実は都会で寂しい人が来ているんですよ（ここで笑い！）。ここに来ると私たちも元気になるということで来ているんですよ。だからお礼なんか言わなくてもいいんですよ、と私は言っているんです」

何でアメリカ人がこれに爆笑したか。二〇〇六年に日本でも出版された『Bowling alone』（ロバート・D・パットナム著『孤独なボウリング――米国コミュニティの崩壊と再生』）という本を私は読んだことがあるが、たぶんその気分に共感したのだと思う。これは、ボウリングを家族で楽しんでいたアメリカ社会で、一人でボウリングをしている人が増えたという社会学者が書いた本だ。アメリカの状況も、日本でNPOに参加する人もそうだよと、私がしゃべったので身につまされて笑ったのだと思う。

†フィリピンの原子力発電所見学とセミナー

SGRAの福島スタディツアーをきっかけに、二〇一四年二月には、SGRAのセミナーとして、フィリピンのバタアン原子力発電所を見学し、その後に議論をする機会を得た。そのレポートを以下に紹介したい。レポーターのマックス・マキト氏はSGRA日比共有型成長セミナー担当研究員。SGRAフィリピン代表で、フィリピン大学機械工学部学士、Center for Research and Communication（CRC：現アジア太平洋大学）産業経済学修士、東京大学経済学研究科博士。CRCの研究顧問、テンプル大学ジャパン講師を務めている。

SGRAエッセイ四〇四：マックス・マキト「マニラ・レポート二〇一四年春」

第一七回SGRAマニラ「持続可能共有型成長セミナー（Sustainable Shared Growth Seminar）」は二〇一四年二月一一日にフィリピン大学工学部のメルチョル・ホールで開催された。今回は「製造業と持続可能な共有型成長」というテーマで開催され、運営委員の努力により約一二五人という多数の研究者、学生の参加を得ることができた。

〈中略〉

「福島からの持続可能な製造業への教訓」をテーマとする第七ブロックでは、SGRAの福島スタディツアーがきっかけとなった、フィリピンの原発議論における安全や経済効率などに対する疑問が取り上げられた（マキト）。最後に、「ふくしま再生の会」が取り組んでいる七つの挑戦が紹介され（田尾陽一先生）、会場の参加者との対話が行われた。

翌日、セミナーでの議論を延長する形で、参加者一三人による（建設中止になっている）バタアン原子力発電所への見学ツアーを行った。マニラから約一〇〇キロ、美しいバタアンの海岸にある、バタア

> ン原子力発電所は一九七〇年代後半に着工したが、政変や相次ぐ反対運動によって、一度も稼働することなく、現在では見学者を受け入れて、原発の必要性や安全性を伝える、一種の原発記念館（博物館）的な施設となっている（注——ここであえて「博物館」という言葉を使っているが、フィリピンではこの原発の稼働開始を真剣に勧めているグループがある）。
>
> 案内役のエンジニアに丁寧に応対していただきながら、約二時間、興味深く原発内の各施設を見学して回った。日本やアメリカは無論のこと、世界のどこにも存在しない、唯一の「リアルな原発博物館」で、原子力発電の原理やシステムを学ぶという、非常に貴重な経験をさせていただいた。
>
> 今回のマニラセミナーでは、共有型成長が目指すサステイナブルな社会／経済の構築にとって原子力発電がいかなる意味を持つのか、を真剣に議論する必要があると実感させられた。それと共にフィリピンの産業や社会にとって「革新（Innovation）」が重要なカギを握るというコンセンサスが得られていないことに関して、ＳＧＲＡフィリピンの活動によって、議論が少しでも整理できれば幸いである。
>
> ＳＧＲＡが、これらの重要課題に関して果たすべき役割は多い。そして、それを絶えず模索して行くことが、ＳＧＲＡのミッションであろう。〈後略〉

バタアン原発見学は、大変な成果だった。こんなにわかりやすい原発ツアーは世界にもない。日本でも世界の人が見学する「原発よくわかるツアー」をやるべきだろう。

バタアンは年配の日本人には「バタアン死の行進」という痛苦の記憶があり、現在はすぐ近くのスビック湾（元アメリカ海軍基地）に経済特区、元アメリカ軍クラーク空軍基地、一九九一年に世界最大規模で噴火したピナトゥボ火山、そしてマニラ市が近くにある。周辺はリゾート地のように美しく、原発は福島第一原発一号炉とほぼ同じころに建てられたが、一度も稼働していないので、二〇〇ペソ（四〇〇円）で炉心の上まですべて見せてくれる。

建設のころを振り返ると、一九七三年に第一次石油危機（第四次中東戦争）があり、フィリピン政府（マルコス政権）が、原子力発電所輸入を考えるきっかけとなる。それを受けてウェスチングハウス社が加圧水型をマルコスに賄賂を使って売り込んだといううわさがある。だがフィリピン周辺の海溝、ピナトゥボ火山、そして住民などについて全く考えていない売り込みであり、ずさんな設計であった。

マニラ海溝は南シナ海東部の台湾南西沖からルソン島西側にかけて南北に連なる海溝である。西のユーラシアプレートが東のフィリピン海プレートの下に潜り込み沈み込み帯を形成している。ピナトゥボ火山などのルソン島の火山活動もこれによると考えられる。台湾以北およびルソン島南部以南では逆にフィリピン海プレートがユーラシアプレートの下に沈み込んでおり、この複雑なテクトニクスが多くの地震を引き起こしている。

事故を起こした福島第一原発は、ゼネラルエレクトリック（GE）社が軽水炉をフィリピンと同時期に日本に売り込んで、バタアンと同じ頃着工したものだ。やはり、太平洋プレートに面し、地震・津波が多発する日本列島で設置場所の自然環境などを全く考慮しない売り込みだったのだろう。メイン電源である送受電網の稚拙さや予備電源のディーゼル発電機が海抜一八メートルの海沿いに二台並んで設置されているのも似ている。それにしても当時の自民党政権・責任官庁・東芝などの代理店の、契約から納品に至るまでにおける専門知識の欠如と安全性の欠如を考えると、科学技術立国も形無しである。

フィリピン原発導入の経過

一九七六年　コンタクト　サイン
一九七七年〜一九七八年　ＩＡＥＡ調査・承認
一九七九年　ＰＡＥＣ（Philippine Atomic Energy Commission）許可
一九七九年六月　マルコスが止める
一九七九年〜　ヒアリング期間　反対運動？
一九八四年　ホットテスト、燃料運び込み
一九八四年六月　ＩＡＥＡ　ＯＫ
一九八六年四月　ストップ
　以降メンテナンスに年間二二〇〇万ペソで維持
一九九七年　核燃料をシーメンスに売却

マンハッタン計画で広島・長崎への原爆投下を成功させたアメリカは、その技術を民間企業に利用させて世界から莫大な原爆開発費を回収しようとした。軍事技術を民間企業が利用してビジネス化するといういつもの産軍官複合体制である。マルコス政権が東南アジア唯一の原発を完成させていたのにも私は驚いたが、マルコスがウェスチングハウスから莫大な賄賂を得たと現地の人が言うのを聞いて、当時競っていたGEが原発後進国日本の政権回りに賄賂を注いだのだろうと想像してしまった。

以後、日本にも原子力ムラが形成され、アメリカの莫大な軍事技術費の回収計画の延長線上に平和利用という名の原発輸入と国産計画を推進し、おまけに核燃料サイクルと称して核戦力保持に必須のプルトニウムを確保しコントロール下に置こうと莫大な税金を投下し続け、今日のフン詰まり状態に陥ってしまった。

バタアン原子力発電所は、四〇〇円ほどで炉心部まで入ることができる一種の観光地と化しているが、フィリピン政府に再稼働の検討委員会ができていた。私は、同行者にこれは動かせるのかと聞かれた。私はやめたほうが良いと答えた。それは一般論でなく、管制室で公開されていた運転マニュアルとシステム説明書が、コンピュータの古い機械語で書かれているのを見たからだ。多分システムに問題が発生したとき、この言語を読んで改修できる技術者はもういないだろう。

石油プラントなども同じだが、大規模な施設はシステムコントロールされており、大規模で何十年も動かす施設はシステム言語がわかる人間の不在がネックになることは意外に知られていない。東電がトラブルに対し腰が重いのは、こんなことも原因になっているかもしれない。ましてGE製となると、よくわからないのと金がかかるということかもしれない。

日本軍がアメリカ人とフィリピン人の捕虜たちを炎天下に行進させ、バタアン死の行進として知られる場所は現在静かで美しい所である。そのそばに、原発事故の映画撮影にでも使ったら最適な現物の原子力発電所がある。確かに燃料さえ入れればすぐ動きそうである。炉心の真上まで行けるのは、ウラン燃料が全くなく、核分裂を起動したことがないため装置の内外が放射性物質化していないからである。IAEAの許可を得て、一度はウラン燃料を装塡したそうだが、アキノ大統領が中止させ、のちにドイツのシーメンス社に売却されたと聞いた。

†報告会での村民との対話

二〇一四年五月二五日、東京大学農学部で「ふくしま再生の会」の第六回報告会を開き、「福島・飯舘村　再生の意味」と題して村民との対話を行った。古谷研氏（東京大学大学院農学生命科学研究科科長・農学部学部長）と私の挨拶の後で、前福島県知事の佐藤栄佐久氏に登壇していただき、次のような言葉をいただいた。

知り合いの自由民権運動研究家が、私に送ってくれたこの竹製のペンに、田中正造の言葉が書いてあります。「真の文明は、人を殺さず、川を荒らさず、村を破らず、人を殺さざるべし」と。飯舘村は、平成の大合併の時に、合併しないで良かったと思います。若妻の翼、俳句の村づくりなど、菅野典雄村長の努力もあり、独特の村づくりを行ってきたのです。私が飯舘村に行った時のこの写真のように、数十秒で村が雲に覆われ真っ白な湖のようになる山背に襲われる厳しい気候の地で、村民は大変な苦労をして村づくりを行ってきました。国会議事堂の石や木は、飯舘村のものが使われているのです。

福島原発事故のメディアの報道もひどかったのですが、これは文明・文化のあり方が問われている問題なのです。ドイツのメルケル首相なども、原発をやめる決意を表明しているような時に、原発輸出や再稼働などを推進するなどは、日本の文明・文化の問題としても遺憾なことだと思います。災害にあった山古志村や三宅島も、人口が四割減になったと聞きます。村が消滅してしまうような大きな危機の中で、今後住める場所に住む決意で、新生ふくしまを作るために、いずれ皆で帰りたいと思います。

その後、八つのグループに分かれて村民との対話を行った。

［Aグループ］佐藤健太　商工業の再生を考える
［Bグループ］山田豊　畜産農家から震災後の分散居住　将来計画
［Cグループ］佐藤聡太・三瓶政美　老人天国／医療・住環境・いいたてホーム／食の安全
［Dグループ］菅野義樹・酒井政秋
［Eグループ］菅野義人（配布資料「飯舘村の復興を考える」）
［Fグループ］菅野永徳・佐藤公一　山津見神社をめぐって
［Gグループ］菅野千恵子・伊藤美智子
［Hグループ］菅野宗夫

同時並行して、次のような二一枚の活動報告ポスター展と写真展を開催した。

1　ふくしま再生の会
2　第一原発事故に伴う放射能汚染に関する調査研究——農学生命科学研究科の取り組み
3　農学生命科学研究科の放射線教育
4　再生の活動と大学の役割

26　福島県における果樹の放射性セシウムの動態
27　福島第一原発事故後の森林土壌におけるCs移動のモニタリング事例
28　飯舘村の河川における放射性セシウムの観測とGeoWEPPによる動態評価
29　ワラの分解過程における水田からのガス発生量測定
30　飯舘村での有機資源投入による除染後農地の生産性回復試験
31　飯舘村までいな復興計画
写真展「飯舘村　春夏秋冬、春」

†分科会報告——失敗と成功と

以下、分科会での村民の皆さんからの報告の一部を紹介したい。

私が東京で企画したこの被害者村民とひざを突き合わせた「対話」は、失敗であり、成功であった。村民は原発事故によって負った精神のキズを遠慮がちに何とか訴えようとしていた。しかし支援側はそれを理解できず、対話は空虚に回転し、そのことが多くの支援者の精神に、大きな負荷や負い目を刻印していった。言葉にならない緊張した雰囲気が醸し出された。これは真の対話への避けられない過程であったとも言えよう。話の通じないもどかしさ、それを相互に明確に伝えられない焦燥感である。本書では紙数の関係で、そのやり取りを大部分割愛したが、この削られた部分、記録されなかった部分にこそ、福島原発事故の本当の負の影響が刻印されているのだと、私は思う。

佐藤健太さんの報告

父親が村内で会社（工場＝護岸用テトラポッドの型枠の製作とメンテ）の操業を続けており、自分は村外に住んでその営業部門を担当し、全国規模の活動をして生業としている。青年部長として若い世代の仲間と何とか連絡を取り合い全体の方向性を見出したいと思うが、住所と活動がバラバラで連絡を取ることさえ簡単ではない。自分自身は恵まれた状況にあるが、他の部員みんながまずそれぞれの生業を成り立たせた上でないと、纏めるべき意見を出し合えないと思っている。

村内での工場稼働には、やはり除染が前提として必要なことだ。従業員が離散状態なのがとにかく痛い。商工会の各種イベントもなくなってしまった。補助金の種類と申請の詳細を調べたほうがよい。何か活用できるものがあるかもしれない。出荷制限されている石材業を復活させる道はないか。青年部に女性の参加を期待する。帰村の成功例を逐一洗って、成功前例に学ぼう！

商業／商売についての話では、「人が居なければ商店は開けない、商売は成り立たない」という一言で全員がなぜか納得してしまって、大勢が帰村した先にやっと商業の再生が緒に就くという遠い話なので話題が続き難かった。

山田豊さんの報告

山田家は村の中央部・松塚集落で、飯舘牛の繁殖を中心とした農業を行っていた。畜産のほかに葉タバコ・ブロッコリー生産などの複合的農業を行っていた。家族構成は三二歳の自分のほか、妻、五歳と三歳の子供、両親と祖母、兄。父は現在六五歳で、地区長経験もある。

震災後は分散居住。父一家は、福島県中島村（飯舘から南へ二時間）に避難し、現在繁殖牛を育てている。牛の繁殖で九カ月間育てて仔牛を販売する事業に取り組み、三〇頭を育てている。福島県産のハンデがあり、一頭五万〜一〇万円にしかならないが、畜産は父の意地のようだ。

現在、中島村から飯舘村により近い飯野町の養鶏場跡で繁殖牛に取り組む準備をしている。父の考えでは、除染が済んだからどうぞと言われても営農は困難である。飯野町と飯舘村の両方で繁殖と牛による農地管理を進めて、次代につなげたい考えである。

自分は震災後、消費者サイドからの肉質に興味を持ち、自分でお肉屋さんに連絡を取り現在は京都の精肉店に勤務している。精肉店店主の指導もあり、現在、福島市内での精肉店開店をめざして土地を探している。子供もいて放射能問題から福島に戻ることに反対であった妻も福島市での精肉店出店には理解をしてくれた。二年後には、福島市で精肉店を開業し、飯舘村あるいは近郊で畜産を再開する父の所と行き来しながら、将来的（一〇年後か）には飯舘村に戻ってきたい。

菅野義樹さん（飯舘村、畜産業）、**酒井政秋さん**（飯舘村）**の報告**

家長が家を守っていくという習慣のために若者や女性が直接政治面に絡んでいけない、みんなが踏み込むためにはどうすればよいか。対話の場にまだ出てこられない人たちを前に進めるようにどう後押しすればよいのか。こういう部分にたくさん意見をいただきたい。

都市と農村の温度差で、土地を受け継ぐ大切さがわかってもらえない。自分の不安な気持ちや思いを語りにくい、語ってはいけないという状況が村民にある。先祖の血と汗のにじんだ土地を守ることが運命と思っている。不安を語るのは勇気がいること、責められている感覚を持ってしまい語りにくくなっている。家長が行政とやり取りをするため、女性や若者が気持ちを吐露することが難しい。それをくみ取ってもらうことも難しい。国の予算も電話相談に限られ、自分たちの立ち位置がわかりづらい。だから若者の間で対話の会（本心を語る場）を持っている。

また、水俣から学んだ地元学で「あるもの探し」（外から見た飯舘村の良いもの）をしている。

自分にとっての正義が必ずしも他の人にとっての正義とは限らない。ただ聞いてほしいと思っている時にアドバイスをされると、それが良いことでも受け入れられない

佐藤公一さん（山津見神社総代・佐須行政区長、農家）の報告

二〇一一年四月二〇日に専門家の先生から大丈夫ですよとの助言が村民にあった。日本政府が来て避難の指示をしたのがその二日後だった。までいな生活を生きてきた私たちだったのだが。神社の参道には村民自身が露天商に頼らずに出店する伝統があった。それだけご眷属様（オオカミ）が村に定着していたということだ。

菅野永徳さん（山津見神社総代・佐須地区、農家）の報告

山津見神社は六六戸の氏子で支えている。学校も神社も文化を運んでくるという共通点を持っている。分校が廃止されて神社が残ったのだが、その神社の拝殿が二〇一三年四月に焼失し、村民の留守を守ってくれていた宮司夫人が亡くなった。これから神社を崇敬する方々を増やして観光に結びつけたい。いろいろなアイデアがほしいと氏子総代の一人として思う。

この報告に加えて、加藤久美和歌山大学教授から、一九〇五年に奈良県東吉野村鷲家口で最

後のニホンオオカミが捕獲され絶滅し、この年に山津見神社にオオカミの天井絵が奉納されたこと、相馬中村の絵師が描いたと推定できることが紹介された。

サイモン・ワーンさんからは、活動の記録・思い出の記録が大切だし、文化財が危険に晒されているというので、拝殿焼失の二カ月前に、オオカミの天井絵撮影をおこなったことが話された。司会者からは、ふくしま再生の会がオオカミの天井絵を復刻し新拝殿に奉納するプロジェクトを考えていることが表明された。

菅野千恵子さんの報告

事故前は、自分たち夫婦と、義父、息子夫婦と孫たちの四世代家族で生活していたが、事故後は若い世代と別世帯になり、街中の借り上げ住宅に住むようになった。生活の激変に慣れず、あてもなく、村に通った。辛く、切ない気持ちを、孫にぶつけてしまった。子や孫たちに、故郷を忘れてほしくない。今は、自分たちにできることを前向きに、取り組んでゆこうと思っているが、まだ、自宅に住む決心はつかないし、飯舘で採れたものを食する気にもなれない。

伊藤美智子さんの報告

事故前は、夫婦と娘の三人で暮らしており、農業と金型を作る工場を、夫婦で協力してやっていた。自分は中学を出るとすぐに、上京し、働きながら定時制高校を卒業し、二一歳で戻って、結婚し、六〇〇頭の養豚に、野菜の出荷や、三人の子育てに加え、姑の介護など、苦労を重ねて、やっと家のローンも終わった時に被災した。放射能の危険性もあるが、夫婦とも避難は考えず、仮設住宅に住んでいることにして、実質上は、飯舘に住んでいる。近辺で採れた山菜も食し、好きなように過ごしている。この間に夫が病気で亡くなったので、福島復興の役に立ちたいとの夫の思いを少しでも実現したいと思っている。自分は、家もあるし、命に別状はなかったので、津波で家族を亡くしたり、家を失った人たちのほうが悲惨だと思って、援助物資を送ったりしている。

伊藤さんからは、一軒一軒が遠く離れている飯舘村での住み慣れた環境から、狭く、隣同士がベニヤ板一枚の仮設住宅に住まざるを得ないお年寄りたちの厳しい状況や、東電より生活費をもらっていることに対する世間のやっかみや、放射能に対する無知からくる差別などへの憤りが語られた。

†台湾からの声

二〇一四年一一月には、張桂娥(チョウケイガ)さんが台湾からはるばる飯舘村スタディツアーに参加してくれた。張さんは台湾花蓮出身、台北在住で、二〇〇八年に東京学芸大学大学院連合学校教育学研究科で博士号（教育学）を取得されている。専門分野は児童文学、日本近現代文学、翻訳論で現在、東呉大学日本語学科助理教授を務め、授業と研究の傍ら日本児童文学作品の翻訳出版にも取り組んでいる。SGRA会員でもある。

以下、張さんのツアー報告を紹介したい。

「ゴー　ホーム　アゲイン、ふたたび飯舘村に～再生への長い道のり～故郷とともに生きる勇者たちに寄せて」

張桂娥、二〇一四年一一月二六日

あの日から三年半も過ぎて、避難先で眠れぬ夜を耐えてきた多くの帰還困難区域に住んでいた元住民たちを目の前にして、心から応援しているから復興に向けてがんばろうと軽々しく口にするのは、どんなに無責任な綺麗ごとだろうかと、思い知らされた二泊三日の飯舘村スタディツアーでした。

そもそも、今回の飯舘村スタディツアーにはるばる台湾から参加しようと決心した動機は、原発事故による放射能汚染被害の現状を台湾の大学生や国民たちに知ってもらい、被害者たちの未だに癒えぬ心の痛みを少しでも分かち合おうという漠然とした大義名分でした。実際現地入りして目の当たりにした

〈景色〉といえば、整然とした風格ある町並みの中に立ち並ぶ立派な空き家の群れ、色づき始める里山に囲まれた田舎の綺麗な佇まいに不気味な影を落としている黒い袋の山、早秋の乾いた青空に聳えるはずだったのに無造作に置き去りにされている屋敷林居久根の切り株、がらんとした牛舎に張り巡らされた蜘蛛の糸に引っかかった虫の死骸など、留学時代に何度も足を運んでいた麗しき東北地方とは大きくかけ離れ、変わり果てた、見るも無残な光景でした。

かつて観光客として訪ねた福島の在りし日の面影を偲んでみたいという期待を胸にやって来た、この地域とは縁もゆかりもない私でさえ、目の前に繰り広げられた殺風景なシーンに心が痛んでやまないのに、何百年も前からこの地域に住み着き、先祖から受け継がれた土地を守り続け、鬱蒼と繁る山林をこよなく愛してきた元住民たち――あまりにも理不尽な形で未来の子孫に誇るべき故郷を根こそぎ奪われてしまった元住民たちの悲痛な心中を察すると、慰める言葉が見つかるはずもありませんでした。ただただ圧倒され、何もできなかった自分の浅はかな思い上がりを悔やんだり、いったい何をしに来たのかと自分を責めたりしていました。

そんな中、自己嫌悪の渦に飲み込まれそうな私に、まぶしい光をいっぱい差し込んでくれる勇者たちと出会いました。飽くなきチャレンジ精神で時代を先駆けるハイテクで放射能汚染と真っ向勝負に出る田尾陽一さんを始めとする〈ふくしま再生の会〉のメンバーたち、全く収束の見通しがつかない現状に苛立ちを感じながらも冷静沈着な判断力と圧倒的な行動力でコミュニティ再生活動を牽引する菅野宗夫さん、グローバルなネットワークを築き風化しつつある放射能汚染問題を世界中に向けて発信するためメディアの第一線を走り続けるジャーナリストの寺島秀弥さん、相馬地域に根ざした〈真手い〉の信条を貫き惜しまぬ情熱で周りの人をあたたかく包み込む大石ゆい子さん、時に心が折れても故郷を思う気持ちを挫かない若者魂に光る佐藤健太さん、そして今でも足繁く通い続け、五〇年先、一〇〇年先にふくしまを故郷として誇れる若者のために、汚染された地域の再生という挑戦を命がけで続けているボランティアの人たち。

弱音を吐く代わりに、淡々とやるべきことに全力を尽くし、機敏なフットワークでプロジェクトをこなしている彼らの後ろ姿を見ているうちに、自分にできることが何かを考え始めました。なんて不思議なことでしょう。どんなに絶望的な災難に直面しても諦めずに己の恐怖と戦いながら苦難に立ち向かう人間の尊い姿を見ると、周りにいる人間は誰でもおのずと逞しくなり、みんなの輪に加わり一緒についていきたい気持ちがわいてくるのだと、気づかされたのです。

思い返せば、情に流されて何もわからないままにこのツアーに参加したのかもしれませんが、そこで出会った人々の真摯なる振る舞いと勇気ある行動に触れ、どこか放射能汚染に怯えていることを素直に認められない自分の心の弱さと向き合う機会を手にしました。その弱さを乗り越えないと、飯舘村の再生プロジェクトに何らかの力になれないと、大きな課題を手土産に持ち帰りました。まだ具体的に何ができるかを明言するのは難しいのですが、台湾に戻ってから機会さえあれば、飯舘村スタディツアーで見たことや体験したことを大学生に話したり、意見を交わした住民たちの考え方や再生活動の関連情報を周りの人たちに共有したりしております。

ふくしま相馬地域や飯舘村の住民たちの痛みを分かち合える日まで、まだ長い道のりです。ただ、諦めてしまってはいけません。ふくしま被害者の心の叫びを世界へ向け発信するのも非常に有意義なことですが、うわべだけの理想論で終わりがちの復興支援ではなく、もっと地に足の着いた現実味のある活動に視野を移さねばならないと痛感した今回のツアーでした。私を含めて、スタディツアーに参加した一人ひとりの意識のささやかな変化をきっかけに、一日も早く実効ある行動に繋がればと考えております。

†四年目の報告会——講演会ではなく懇談会に

原発事故から五度目の春を迎え、なお避難生活を続けている飯舘村村民を、二〇一五年五月二七日に杉並区産業商工会館に迎えて、第八回報告会「全村避難から4年　いっしょにしゃべっぺ」として、懇談会を聞いた。避難中の村民が今行っている生活再生の取り組みや目指す将来像、私たち都会の住民は何ができるのかについて、それぞれの立場から話し合っていきたいと思った。

そこで、飯舘村の皆さんから、簡単に現状や自分のお気持ちをお話しいただき、会場参加者から質問やコメントをいただき対話する。これを繰り返し、なるべく多くの方の発言機会を設けて相互理解を深める。事実と現実を出発点に、この難局をどう打開していくかについて率直な対話をする。一方的な自説の主張には、あまり時間を取られないようにしたい。全体の話の流れは、ふくしま再生の会の最新報告書の以下の目次に沿って進めた。

①　住む場所を安全にする試み
②　安全な食べ物を作る試み
③　動植物の状況をつかむ
④　地域の放射線・放射能の状況をつかむ
⑤　電気や熱を確保する
⑥　健康な生活を支える仕組みを創る
⑦　生活再生の将来像を一緒に考える
⑧　地区の将来像を一緒に実現する

主なスピーカー
菅野宗夫（ふくしま再生の会理事、飯舘村農業委員会会長）現在伊達市保原に避難中。山のこだわりや、被災前は山仕事、米・野菜・花づくり、味噌・凍み豆腐などを築地本願寺朝市へ出品していた
小林稔（飯舘村おこし酒製造元、飯舘村農業委員、飯舘電力社長）現在会津喜多方へ避難中
菅野永徳（農業、生産業、元地区長・農協理事、山津見神社総代）現在伊達市に避難中
溝口勝（ふくしま再生の会理事、東京大学大学院農学生命科学研究室教授）
田尾陽一（ふくしま再生の会理事長）

†大学生の声

二〇一五年六月一三日～一四日、九月五日～六日の二回にわたり、フェリス女学院大学国際交流学部の高雄綾子先生率いる「飯舘村スタディツアー」が行われた。原発事故により避難を余儀なくされている飯舘村の現状を知り、復興に向けた持続可能な協働の取り組みに、「自らできること」を探ろうとの目的をもっての来村だった。

大学に戻った後にも、地元のレストランとのコラボ企画を実施するなど、学んだことを積極的に発信している。

スタディツアー報告（http://www.fukushima-saisei.jp/category/report/2015/12/2）から一部を紹介しよう。

「大震災以降、被災地の人々は今どんな状況でどんな思いで過ごしているのだろうと気になっていたこともあり、ずっと訪れたいと思っていました」

「私の地元から車で一時間程度で行ける距離であるにもかかわらず、そこで行われている多くの復興作業をこの目で見たのは今回が初めてでした」

「当初私は飯舘村に赴く予定ではなかった。というのは、中学時代に他の被災地に訪問した経験があるのだが、そこは寂れ人々の活気も失せていたのだ」

「大学ボランティアセンターの企画である福島の子どもたちのための保養プログラムに参加していた。それは震災当時、高校二年生で無力であった私が大学生となってできることの一つと思ったからであった」

「大学生になり、三年間大学主催の福島の子どものための復興支援ボランティアに携わったが、実際に被災地に足を運ぶ機会がなかった」

「私が飯舘村という土地名を耳にすることになったのはこの春からのことであった。それまで私は飯舘村が福島県にあることも、原発事故による放射能汚染の影響で全村避難になっていることも知らない状態であった」

フェリス女学院大学飯舘村スタディツアー

†ワシントンでの講演と討論

二〇一五年夏に、ふくしま再生の会の理事で、長年指導していただいている京都大学名誉教授、物理学者の政池明さんに紹介され、ワシントン在住のスティーン智子さんと知り合った。母上が長崎で四歳の時被ばくしたという智子さんは、アメリカの議会図書館で、議会で討議される遺伝学およびアジアの科学技術政策について議員の方たちにアドバイスをするリサーチスペシャリストの仕事をしている。博士号が、遺伝学と科学技術政策なので、ジョンズホプキンス大学の政治学部とジョージタウン大学の医学部でも講義をしている。智子さんに依頼され、ワシントンで二〇一五年一〇月三〇日～一一月一日に開かれたNUCLEAR SECURITY SUMMIT & WORKSHOP（Georgetown University）での講演を引き受けた。

以来、毎年秋にこの会合は世界の一〇〇人以上を集めて開催されている。毎年、私は講師を引き受けて、福島の状況を話しているが、ほとんどワシントンへ行く時間がなく、ZOOMを使って支障なく講演している。質疑も活発に行われてきた。

日本とは違う大変オープンな会議で、自由な発言ができる雰囲気だ。少人数のワークショップでは面白い議論になった。アメリカ国防大学教授で、元国防省の人が、「私たちは原発事故に備えマニュアルを整備している、これをもとに福島事故時の日本政府に協力を申し入れたが、断られた」と話した。私は、「マニュアル通りやれば収まるような事故ではないと思うよ」と話し、しばらくやり取りがあった。

戦後長崎のABCC（原爆傷害調査委員会、現在の放射線影響研究所）に一〇年いたというテキサス大学の重鎮W・J・シュルさん（先日亡くなったと聞いた）とは仲よくなった。私は、「四歳の時広島で原爆を目撃した、ABCCは調査をするが治療はしてくれないので広島では評判が悪い。当時のアメリカの原子力委員会（戦後設立された原子力行政機関、現エネルギー省）傘下のAB

ＣＣは、放射線の影響は軍事目的で調査するが、私みたいな子供の体内被ばくの調査はしなかったよね」などと指摘した。彼はおおむね認めていた。

私は、二〇一五年一〇月三〇日の昼に、次のような趣旨の講演を行った。

＊

まず、福島の現状について、私たちとＫＥＫの放射線共同モニタリングによるマップを示し、環境省の除染によるフレコンバッグの積み上げ状況を空撮で示した。また、見通しの甘い中間処理場と見通しがない最終処理場のこと、遅れた避難指示と避難指示解除の混迷などを話し、私たちＮＰＯふくしま再生の会の多彩で総合的な活動について、詳しく説明した。現地で継続して協働し、事実をもとに活動し、被害者の生活・産業の再生と創造、これを通して新しい公共空間の創造、社会の創造的変革を目指す、自立して思考する諸個人の集まりだということを述べた。

次に、私は事故の隠れた背景についての私の分析を話した。日本政府・東京電力は、自然災害（津波）を事故原因としたい、自然災害なら政府・東電は免責される。人災（ＧＥと東電の設計ミス）を認めると刑事責任を問われる。被害者を被災者と呼ぶのは、民事責任の損害賠償金を減らすためである。

設計ミスの可能性が高い事象として次のようなことが推測される。全電源喪失で一号炉の非常用復水器（IC）停止がおきた（フェールクローズ）、容器配管系が一部損傷してベントができなかった、ウェットウェルベント（サプレッションチェンバーからのベント）の欠陥、地震で破壊された福島第一変電所が七月まで稼働しなかったが、二重化を怠っていた送受電網の設計ミス等々である。事故調査を途中でやめたことも政治的な意図があると思う。世界一安全と称する新規制基準は、原因がわかっていないときにつくられている。この妙な新規制基準による審査を延々とやり、なぜ再稼働を急ぐか？　なぜ見通しのない原子力サイクルを止められないか？プルトニウムを削減する形だけを作りたい日本政府、日米原子力協定・NPT・IAEAの意図は何か。東アジア情勢の中で、日本の潜在的核武装力保持のため原子力技術を保持したいという意図があるように思う。

その結果、巨大な被害に対し、誰も責任を取らない、被害者にはあきらめてもらう、という政策が取られているが、これは間違いだと思う。

私たちこの会場の人たちは、被害地の真相を認識するべきだ。原発事故の直接放射線による死者はないと言う人がいる。しかし避難後に関連死一五〇〇人がすでに出ていて増加中だ。

避難基準が低すぎたのではないかという誤った意見もある。アメリカが事故直後、なぜ半径八〇キロ圏外への避難を指示したのかも明確にする必要がある。

福島原発事故は、放射能・放射線の直接被害だけでなく、避難による家族生活の破壊、コミュニティの破壊、農業・産業の破壊、精神・文化・伝統の破壊を引き起こしたことを、認識しなければ、人類の未来はないだろう。

＊

後日、スティーン智子さんから、次のようなメールをもらった。

田尾様　全体的にとてもすばらしいスライドショーです。私は、目を通していて涙が出ました。毎年、一〇月は、京都の STS Forum で基調講演をするため日本に帰るのですが、ここ数年母の体調が悪く、福島に伺っていません。本当に申し訳ございません。今回はお時間を頂き講演していただき、本当にありがたく思っております。

智子

二〇一七年には、私たちが福島で活動している状況と事実に基づくデータについて説明した後、少し趣向を変えて、「私たちの思考は、いかにあるべきか」と題して次のような設問を英語で問いかけ、それに基づく議論を行った。

私たちの思考は、いかにあるべきか

問一　あなたは福島原発事故の原因は何だと思いますか？

津波という自然災害なのでしょうか？　人間社会の科学技術がもたらした大惨事なのでしょうか？　私は「津波がきっかけの人災だ」と思います。この事故は、現代の社会構造の問題であり、近代科学技術の問題です。福島後は、私たちは全く違う世界に生きているのだという自覚が必要です。旧来の政治も、経済も、宗教も、哲学も、科学・技術も、教育も、再度根本から見直し、この世界にその内部から何を残し何を破棄するか、思考を重ねなければならない時だと思います。

問二　あなたは福島原発事故をどう理解していますか？

六年が過ぎました。私たちは福島のことをすべて知っているのでしょうか？　人々の生活に、何が起こり、何が起こり続けているのか？　農業や森林はどうなったのか・これからどうなるのか？　村民の心にどんなことが起こっているのか？

本当に何が起こっているのか、理解している人は誰もいません。しかし福島原発事故は、二一世紀近代社会の最大の課題を含んでいることは確実です。また、福島原発事故は、福島・日本だけではなく世界全体の問題であることも確実です。

問三　被害者は、原発事故に打ち勝つことができるのでしょうか？

福島の人は、被災者ではなく被害者です。被害者に対しては必ず加害者がいます。事故により生活の全てを破壊され、打ちのめされた人がほとんどです。しかし敗北しているのは、既存政治勢力、東電、関係企業、関係専門家です。地域の被害者は敗北しているわけではありません。

事故に耐えている人たちが居ます。自分を敗者とは思いたくない人々がいます。自立してこの悲惨な事故の結果と取り組み、生活を取り戻そうと圧倒的な困難に立ち向かう人たちがいます。私たちは六年間これらの人々と協働して再生への活動をしてきました。

問四　三・一一以来のいくつかの以下の疑問に、あなたはどう答えますか？

原発事故に責任を持つ人たちが、誰も責任を取っていないのはなぜなのでしょうか？　世界中の国が、経済成長と科学技術振興という単一イデオロギーを掲げているのはなぜなのでしょうか？　人間が自然をコントロールできるという不遜な感覚は、いつどこから生まれてきたのでしょうか？

私たちが創り出した科学技術と経済社会が、自然と人間生活を破壊している現実があります。私たちはこれからどんな存在として、自然との関係を維持していけばよいのでしょうか？

問五　あなたは、福島の今後についてどうすれば良いと思っていますか？

以下は私の思考結果の仮説です。

中央政府とその周辺が破壊した地域の自然と人間生活は、どんなに困難でも地域の力で再生するしかありません。外部が上から目線で安易なことを言う必要はありません。

地方自立こそ、現代社会のすべての出発点です。復興事業は、福島の人々が財政執行権を持ち実施するべきです。食糧・エネルギー・高齢者問題は、福島の人が自立的に解決できるでしょう。現在の中央政治・官庁・専門家が、どうしても地域を理解できないなら、そろそろ明治以来の官僚制全体主義を抜本改革する時期だと思います。

二〇一八年一二月は、個人放射線量の問題を取り上げ、宮崎真氏・早野龍五氏の論文の間違いとサイエンス誌のエディターの誤りを指摘して、議論になった。

二〇一九年のサミットでは、話題の宮崎早野論文への批判を交えて、個人放射線量を中心にプレゼンを行った。

結論として、飯舘村の山林は居住区域より高い放射線量であること、個人被ばく線量は各人の行動に依存していること、帰還村民の健康を守りさらに除染を必要とする地域を確認するために放射線量・放射能量の測定分析が今後も重要であることなどを述べた。多くの人から良い講演だったとの評価が寄せられた。

二〇二〇年は東京の早稲田大学でのコンファランスが、コロナのために中止になった。

†東大生への講義と反響

二〇一六年、東京大学東洋文化研究所の中島隆博教授の依頼により、プリンストン大学交換留学生十数名を含む三〇名の学部学生に向けて東大で英語講義を行った。また同年、IHSプログラム（村松真理子教授・リーダーの、大学横断的な、教授から大学院生までのプロジェクト）としても、東大駒場キャンパスで日本語講義を行った。その概要は、以下のサイトにまとめてある。

http://www.fukushima-saisei.jp/report/20161104/1786/

この講義に参加した大学院生、西村啓吾さんの報告内容が興味深いので以下に紹介したい。私の事故現場での対応姿勢、専門家の事故対応姿勢について戸惑いながら真剣に考察している。

二〇一六年六月二四日（金）にNPO法人「ふくしま再生の会」理事長を務める田尾陽一氏より「ふくしま・飯舘村の生活・産業の再生に向けて」と題したご講義をいただいた。講義においては、まず、「ふくしま再生の会」の発足とこれまでの活動についてお話をいただき、最後に東日本大震災と福島第一原子力発電所事故を発端とする福島で起こった一連の問題について田尾氏のお考えをお話しいただいた。

「ふくしま再生の会」は二〇一一年に「新しい公共空間の創造」を目指す「自立して思考する諸個人」が集まり、「現地で／継続して／（村民と）協働して／事実を基にして」「ふくしま・飯舘村の生活・産業の再生」を行うことを目的として設立された認定NPO法人である。福島第一原子力発電所の事故は明確な人災であり、発電所は事故を収束させ村民が安心して帰村し農業を営むことができるように施策を打つべきであるという認識を持って、避難中の留守宅や農地・山林を使って独自に調査と実験を行い、得られたデータを地域再生のために村民・社会・行政へ提供し提言を行うことを村民らと合意し活動を行ってきた。研究機関や企業と比べれば規模は小さいものの、目的に共感した二五〇名超の個人会員と七つの団体会員が各分野・業界から集まり、福島の動向をつかむのに有用で豊富な調査結果を得ることができているように報告者には思えた。

講義において報告者が注目したのは、福島の現状に対する国外の反応と国内の反応の差異に関してである。「ふくしま再生の会」は震災・事故後の福島の様子を世界へ伝える活動として、二〇一二年および二〇一三年にSGRAスタディツアー「飯舘村へ行ってみよう」という飯舘村の被災区域の訪問と村民との懇談を行うツアーを企画し、これにはアジア・ヨーロッパ・アメリカなど世界各国から参加者が集まった。そこでの参加者らの反応は非常に良好だったようであり、おそらく福島の現状に対して客観的な認識を持つことができるようになったのではないかと思われる。

では、それに対し、日本国内においての人々の福島問題に対する認識はどうであろうか。地震そのものによる被害・原発事故の発生による周辺地域の放射性物質による汚染とそれに伴う避難措置、除染による農地の不作化や農地利用の禁止措置による離農といった被害も甚大なものであるが、それと同時に、放射性物質をめぐるマスコミやSNSを通じた風評被害による農作物の売れ行き減少といった問題も生じている。現在では、福島県産の農作物の安全性が各所で示されており、科学的な根拠のある膨大な調査結果が積みあがっているにもかかわらず、それらの情報を信用できず福島県産の農作物を買わないという選択をする人々も未だに多く存在するように感じる。こうした現状は、人々の科学に対する不信や政治に対する不信が原因となっていることは否めないように感じられる。

同じ福島県内においてすら、甚大な被害を被った一部の被災地域とその他の地域との間では認識に隔たりがあるということも講義で学んだ。

報告者はこうした問題に対し、自分には現在そして将来的に何ができるのだろうか、どのように関わることができるのだろうかという疑問へのヒントを得たいと思い、講義の最後に質問をした。専門的な科学を学んでいる立場から、科学者には福島県産の農作物の安全性等に関する証明が人々の意識の中に浸透されるよう発信することが求められており、報告者には未熟ながらもバックグラウンドを活かしてその手伝いができるのではないか、そしてそれが報告者の立場を最大限に活かすことができる福島への関わり方ではないかという考えから、「人々に伝えるときにどのようにして説得力を持たせようと考えているのですか」という質問をした。大学時代に素粒子物理学を専攻したという田尾氏も報告者のような考えでそのバックグラウンドを活かした活動をしようとしているのではないかと思っていたが、田尾氏の答えは予想に反して、「説得なんてしない」というものであった。

初めは報告者の質問の仕方が悪く、意図した〝福島への理解が進んでいない福島の外の人々への説得力〟ではなく、〝被災した福島の人々への説得力〟をどう高めるかという意味で伝わってしまい勘違いが生じたのかと考えた。確かに、被災した人々に対しては説得などではなく個人対個人の信頼関係が重要で、田尾氏がしてきたようにそのコミュニティの中に溶け込んで同じ側に立ち、協働して活動していくことが求められていたのであろうとは思う。しかし、福島の農作物の安全性といった情報を社会・世界・一般大衆に対して発信するという場合、情報の信頼性はそれを発信する機関や携わる人間の信頼度に左右され、その指標として機関のそれまでの功績や構成員のバックグラウンドが大きな意味を持つのではないだろうか。そして、発信した情報が人々に信頼されないことで、意識を変えるといった影響を与えることができなければ、時間をかけて集めてきた研究調査の結果が十分に活かされなくなってしまい、もったいないのではないかと報告者は考えた。

東大での講演

講義内では上記のような答えにまでしかたどり着くことはできず、納得できる答えを得ることはできなかったが、田尾氏のお言葉の意味を再考し見えてきたものがあった。それは、助けを求める人々が真に望んでいるものは何かという視点である。飯舘村の村民の方々が望んでいることは、福島の安全の科学的立証なのだろうか。協働することそれ自体だけで十分に力になれるのかもしれない。報告者には想像できていないようなことがまだまだたくさんあるのだろうと浅薄ながら想像された。

報告者は体の機能が弱くなってしまったり、一部を欠損してしまったりしたことで望む人生を生きることが困難な人々が世界にたくさんいることを知り、そういった人々を救いたいという思いを持って再生医工学研究に取り組んでいる。報告者には身近にも病気を抱える人がいるため、そういった人に求められているかどうかを意識しながら研究に取り組むことができるが、そうした意識を忘れてしまうことも多い。救うことができるのは不特定の人々ではなく一人の人間である誰かなのであり、その誰かの声に耳を傾けなければ独りよがりの研究になってしまう、講義を通じてそうした大切なことまで学ぶことができたのではないかと感じている。

†五年目の報告会――創造的な検討の場をめざして

活動開始から五年余の節目、二〇一六年一〇月二三日に第一三回の活動報告会「これから5年　飯舘村村民の思い」を開催した。飯舘村村民は、翌年春の避難指示解除を前にして、さまざまな思いでこの節目を乗り越えようとしている。この重要な時に、ふくしま再生の会の協働活動を支えてきた村民・ボランティア・専門家、さらに福島の原発事故被害地の今後の再生・発展に関心を持つ多くの方々が集まり、事故後の活動を振り返り、今後の活動の方向について協議した。これまでの私たちの協働活動から得た経験に基づき、本報告会は一方向の活動報告に終わらせず、過去に学び未来につなげる創造的な検討の場にしたいと考えた。そこでは、過去の活動を通じて得た事実について話題提供する人、現在の課題を乗り越えるためにやるべきことを具体的に提案する人、これらの活動を支援し周りに呼びかけたい人、など多彩な参加者全員の発言の場を確保するという新しい会合イメージを創り上げた。

福島・飯舘村に山積する困難な課題に取り組まざるを得ない人々の議論を深める会にしたいと考えて、会場の円形の斬新な座席配置デザインを考えた。過去・現在・将来に福島に、何が起こったか、起こっているのか、起ころうとしているのかを認識し思考する多くの皆さんに対し、皆さんの協力でオープンで創造的な報告会が開催できた。以下、私たちと協働している主な村民の方々の心情を採録する（紙数の関係で一部割愛、太字は私が重要だと思う村民の心情を示す）。

菅野宗夫（佐須地区、農家ふくしま再生の会副理事長）

本来なら飯舘村はこの時期、実りの秋を迎え、五穀豊穣に感謝の気持ちを表しながら、収穫祭などを行っていました。田舎の良さを味わい、生きがいを感じながら生活をしていた村が、現在では、フレコンバッグの山が積みあがり、復興の難しさを目の当たりにしています。避難生活が日常ですが、**なんとか乗り越え自立再生しようと頑張っています**。今後、どこでどんなふうに取り組むかの考え方はさまざまですが、どれをとっても間違いではないと考えています。

飯舘村は、二三〇平方キロという広い村ですが、来春の避難解除に向けて、長泥地区を除く約五六〇〇ヘクタールを対象面積として除染が現在進められており、解除後の復興に向けてさまざまな取り組みがなされています。長期宿泊の許可が七月から実施され、家に帰って泊まる人もいます。私もいつでも泊まれるように申請しました。**積算線量計のDシャトルをこのよう**

に身に着けて、そこから得られたデータを自分なりに判断できる材料にしたい。見えないものを見える化することが大事だと思っております。

農業の再生に動き始めた人たちがいます。私も来年の営農再開に向けて今、ハウスの建設の設計に着手したところです。**このように一歩踏み出した人もいれば、帰れなくてそれぞれ自分で悩みながら対応している人も数多くいます。さまざまな人がいることをご理解いただきたい。**大変な状況を乗り越えてこの先も村民自らが一体となって取り組んでいかなければなりません。明るいイメージのメッセージが発信できる飯舘村にしていきたい。そういう希望がやはり大事かなと思っています。

「ふくしま再生の会」の活動も、みんなで知恵を出し合いながら、生活と産業の再生の試みを大事にしながら、取り組んでいます。**被災地の現地で被災者と協働して継続的にということで、皆で頑張っているところです。**大事な交流人口の人たちだと私は強く思っています。これからも一緒に生きることの大事さ、自然との共生の大事さを一緒に考えながら対応していただきたい。避難先の心のケアやそれぞれ若い人たち、特に大学生たちの受け入れや情報の発信、それから再生の試み、そして見えないものへの対応についてはモニタリングの実施などをしています。線量が高い、低い、あるいは食べられない、食べるという、それぞれの人が判断をするための基礎的データどりに皆で取り組んでおります。**ふくしま再生の会の会員、専門家、そして**

メディアを含めた人たち、一般の参加者、そして行政の方々、それぞれの横の連携で、立場を超えて一緒に考えていくことと、「これからの五年を考える」ことの意義は大きいものと思っております。

山田猛史（松塚地区、畜産業）

私の今までの五年は、毎日毎日、前を向いて変わっております。当時、牛二〇頭を連れて中島村に避難しましたが、今は三八頭になりました。避難したときは年寄り組の俺と女房と母親と雇いの老人四人組でしたが、今は息子ら夫婦と孫が帰ってきてだいぶん活気づいて、今年の二月から、息子に使われて手伝いをしております。

飯舘の作業が私の仕事場になっております。今月一〇月三一日〜一一月二日の三日間にわたってこの田んぼで放牧をするための牧柵を建設する計画で、再生の会には仕事をしたいという人がいっぱいいるというので話をしました。特に体力のある方にお願いしたい。**私は、当初から村に帰ってくるという考えで、牛飼いを止めませんでした。**以前は、私の集落に八軒の畜産農家があったのが、残ったのは私だけですし、この農地で百姓をやる人はいなくなると思っていたので、この水田だけはなんとか活用したいと思っていました。あの頃、まわりの田んぼが六〇町歩で、「俺の思いのままに使えるな」と冗談話をしていたんですが、まさにその通りになりました。二〇町歩はソーラーで埋め尽くされているのですがあと四〇町歩、高橋日出夫さんのハウスを除いて、**誰も手を挙げて何をしたいという人がいないので、取りあえず私の牛に食べさせる草を作って、それから「じゃあ俺も何かやりたいな」という人がいたら、その土地を返すという形で、農地を守りながら自分の生活の糧にしたい。**息子は肥育もしながら、すぐにでも肉屋をやりたいと言うので、一貫経営の畜産農家になるのではないか。飯舘は仔牛採りの繁殖ゾーンで飯野は肥育の牛舎になると思っています。**住み分けをすれば、風評被害もやや和らぐのではないか**と思っております。

小林稔（飯樋地区、畜産業）

私の話すことは山田猛史さんがさっき言ったことと重複する部分もあり、また、まるっきり逆の部分もあると思います。**私も避難前から米と牛をやっておりました。**米がだいたい一一町歩、牛も和牛一貫で三〇頭近くおりました。避難してからも宮城県の蔵王町で三〇頭規模でやっており、そこは息子に任せて私は喜多方で酒米作りをしています。そして、来年飯舘で牛飼いを始めるために準備にかかっております。**喜多方での酒米作りは、飯舘村の「おこし酒」を復活させる**ために、これからも飯舘村と喜多方との往復がかなり続くと思いますが、体力の続く限りやり続けようと思っています。

飯舘の牛飼いですが、**私は肥育をやってみたい。かなりリスクは高いと思いますけれど、でも、私の年齢になれば、そういうリスクを負ってもいいのではないか、飯舘牛を復活させるためには肥育をしなければダメなので、飯舘村で栽培した牧草がダメであれば、他所から買ってやってもいいし、ちゃんとした建物の中で、放射能の影響を受けないそういう環境の中で飼えば大丈夫だと確信しております。**問題は牧草が果たして安全かどうか。そこは来年にならないとわからない。稲藁はよそからも、例えば蔵王から集めて運び、後は喜多方でも集めて運ぶことになる。そうすると今度は経費の問題がなかなか悩ましい。

私は息子と別の生き方をするようになるかと避難当初から考えて、場所を確保して、生計が立つような取り組みをしてきたので、今度は自分の思う通りのことができる。避難解除に向けての取り組みを重点的にやっていきたい。

もう一つ、**私は飯舘電力の代表をやっております**。この会社は立ち上げてちょうど二年、明日が二回目の株主総会です。なぜ全然畑違いのことに進んだか。帰村が現実的になってきたとき逆に不安が増してきたんです。何をして暮らすのか、収入はあるのか、そう考えたとき一番取り組みやすかったのが、再生可能エネルギーである太陽光発電でした。そこで、最初は一・五メガの計画をして地権者の同意も得て「さあやるぞ」となったときに買い取りが中断になってしまった。一旦諦めたのですが、やはり有志で相談して、五〇ｋｗ以下であれば制限がかからず、それを二〇カ所あれば一メガにはなる、それで進めようとなり、飯舘村の特養の裏の土地を村から借りまして第一号を始めました。昨年の二月です。

その後も場所を探したのですが、日当たりが良く、電柱が側にあるという条件に該当する場所が農地しかない。今度は農地転用の壁にぶち当たりまして、約一年近くすったもんだして、最終的にソーラーシェアリングに辿り着いた。現在、五基が稼働し始めて今年中にあと一一カ所、合計一六基が稼働する予定です。来年にまた一七カ所、合計三三基を設置してここまでが、第五期です。第六期がまた一〇カ所ぐらい計画して今年中にまた申請をしようと思っています。

合計四〇カ所を目標にとりあえず太陽光はやろうと思っています。分散型でやりますから、やはり農家の皆さんの帰村意欲も高まるんじゃないかな、それで少しは役に立てるし、また、地代も払うということで収入の足しにもなる。私が畜産で飯舘牛を復興させようとしているのは、まず電力のソーラーシェアリングと見事にマッチしまして、農林事務所に相談したときに「それならできるよ」と言われ、内心は万々歳でした。パネルの下で牧草を作り、それを牛に与える、今度は**電力と畜産の融合**といいますか、これができるというのが私にとって本当に幸せなことでございます。

飯舘村には二〇の行政区がありまして、私の行政区では約七〇ヘクタールの水田がありました。で、その水田を何に利用するか。牧草も作るのですが、その他、景観作物あるいはエネルギー作物、例えばソルガムなどを作って牛の飼料としてもバイオマスの原料としても使える。エリアンサスもです。すぐには無理でしょうけれども、これは村とも提携をしないとなかなかできない相談ですので今後の課題にしたい。

高橋日出夫（松塚地区、農家）

現在は福島市の飯野町で、山田猛史さんの牛小屋のある近くでハウスを作って、トルコキキョウとストックを栽培しております。**避難する前は、村ではブロッコリーとかグラジオラスとかトルコキキョウとか、あとは、冬にコマツナなど色々、複合営農をしておりました。**避難して二年はアルバイトをしていたのですが、一年の終わり頃に村で、「避難先に農地を見つけた人にはハウスを作って貸す」という事業がありまして、すぐに**農地を見つけて手を挙げまして、ハウスを作っていただき、今年で四年作付けをしました。**

「帰村が二九年三月にできる」と聞いて、またすぐに手を挙げて、村にハウスを作って切り花をしたいと申し出ました。「いいよ」と返事が返ってきて、三間半×二〇間の**ハウスが七棟、六棟で切り花をして、一棟は苗を作るハウスです。四棟がトルコキキョウ、二棟がアルストロメリアです。**それから離れたところに二間半×二〇間のハウス二棟があり、そこはカスミソウを新しく村で力をいれてやりましょうとなり、私と私の地区のあと四人の方が賛同し、ハウスを作っています。来年の三月からは私の地区では切り花の栽培が始まります。七月からは出荷もできそうです。

行政の方にはいろいろお世話になってます。**再生の会の皆さんにも何回も何回も放射線量を測っていただきまして、私の所はこの数字ならば安心して作業できるなと、私自身は思っております。**あとは女房も「どうしたら楽しい暮らしができっか」といったら、やっぱり前のように**村に帰って好きな花作りをしたほうがストレスもたまらないし、「健康にいい」のが、放射線を考えるよりすごくいいことだと思っております。**

佐藤文男（二枚橋地区、農家）

今回、飯舘村から初めて参加させていただき、一番若いのかな。家庭もございまして、子供が大きくなるまでは**兼業農家で、食べるもの、安定したものをつくる**のが避難する前の私の夢でした。**具体的に言いますとシャクヤク、苗のほうは製薬会社と提携して経営のビジョンを立てる構想もあったり、いろいろと夢を抱いていました。**ところが避難となってしまった。今後、再生の会の皆様の協力で、そういった**データがあれば、また食にするもの、まだまだ、掘れば掘るほどいろいろな形のスタイル、経営ビジョンが出てくると思います。**私は会社のほうの勤めがありますが、年も年だから多少のリスクは覚悟すれば、また農業の経営に復帰したいと思いますので、その辺のデータもお願いしたい。

中川喜昭（飯舘村復興対策課長）

再生の会とは、二〇一一年八月頃から村に来て放射能による状況を確認していただいてきました。その中で、**村としても村民の方々にきちんとしたその時点での放射線量を、知らせるべきだとなり、再生の会さんに委託という形でお願いし**ながら、今年度も続けてやってきている、という状況でございます。再生の会の方々には、飯舘村の復興再生に支援をいただき、この場をお借りして感謝申し上げたい。

今後の村の営農再開ですが、二〇一一年一二月頃、まだどんな風になっていくかわからない中で「村に戻ったら農業をやりますか？」と農家の方々すべてに聞いたところ、**村に戻ってやりたいという方が一三名出ました**。それで二〇一二年になって、そういう**やる気のある方々が避難地で営農再開できるよう**にして、それまで培った作物等の技術とか、あとはやる気の継続、この二つを避難した中でも保っていってほしいというのが、当時の村の思い、願いでありました。やる気のある方々をまずは支援しようということで、当時復興局にお願いして、**避難地でも国の復興交付金を受けてやれる項目を作った**のです。

これまで福島市、那須塩原、喜多方、県内外でやれる方々に、村が事業主体になって農家の方々に施設をお貸しする形で進めて参りました。途中から県の方とも協力しながら進めております。かなりの方々が避難地においても再起をしておられる。それで、今県の方からも話がありましたように避難先でやっていたものが、村内でもできることになり、今回、高橋日出夫さん、あとは水田の放牧実証ということで山田猛史さんがやられる。そのための**機械導入が必要で、再生加速化交付金でやっているところです。**

来年度に向けても是非ともやる気のある方々を支援していきたいということで、農家の方々に意向調査をして、もし計画・見積等が出せるのであれば、村のほうに提出をお願いしたいと二〇一七年度から実施できるように村としても頑張りたい。その中で**三十数軒の方々が見積書等を出していただいて、今のところの総額でありますが一四億円の事業費**ということであります。先ほど県の方からありましたように、新たな補助事業として四分の三を補助する事業が出てきたので、今後、その三十数軒の方々に村のほうでは、どういう意向でやられるのかをヒアリングしながら、支援をしていきたいなと思っております。

金額がかなり嵩張るものについては、**これまでの村が事業主体の加速化交付金の補助事業で、あとは小規模のグループ、補助額が一〇〇〇万まで出るというものと、村の復興計画の中にその計画があれば三〇〇〇万円までが限度として出されるという事業**であります。それらを活用して今後来年度予算計上の時期でもありますので、ヒアリングをしながら支援をして参ります。

佐藤聡太（飯樋地区出身、学生）

溝口研究室で修士二年です。自分は今、七人の学生の友達と一緒に「いい花」というプロジェクトを立ち上げました。大久保金一さんを応援するのが目的で、実際に**次の三・一一までに、飯舘村で飯舘村の形をした花壇を作ろう**と動いています。この**三・一一の日に芋煮会のイベントなど**を催してみようと思って取り組んでいます。

菅野啓一（比曽地区、農家）

比曽地区は長泥地区のお隣、帰宅困難地区のすぐ側です。私は二十数年来、基盤整備の専門の会社で重機を使って区画整備をしており、重機専門でした。農家として二町ほどの経営をしておりまして、その中で事故が起きた。**事故二年後に再生の会の皆さんとお知り合いになり、イグネの除染をやってみないかということで、第一番にその除染をやってまいりました。国でやっている除染は、落ち葉さらい程度しかやっていない。それが住居から二〇メートル範囲内ということなんです。それでは全然下がらない。**スギの腐葉土は何重にも重なって柔らかい土になり、それに放射能がしみてしまっているので、それを取り除かないとなかなか下がらない。そこでその場埋めの形で埋設をしまして、なるべくならば奥のほうにということで、家から離れるように除染をしております。そして、剝ぎ取った部分は掘った土のいいところをもう一度戻してやると、これも遮蔽効果になりますので、そういう形で段々と奥のほうに進んでやっております。

昨年から今年にかけて除染をお願いし、かなりデータ的にも下がっています。なかなか若い人たちが帰ってこられない、家に戻れない、これはイグネの問題だということで、これは何とかしなくちゃならない。せめて孫たちが自由に故郷に帰ってこられるように、自分でも重機を買いまして、作業をしています。私たちだけではできない問題、放射線量も関係しますのでご協力をいただきながら、**なんとか家の周りの除染をしないと、若い人たちも戻ってこられない、孫たちは戻ってこないと思います。**

私の家では、一回だけ孫を連れてきました。冬ですね。私の地域は標高六〇〇メートルという、飯舘村の中でも高いところにあり、冬だから雪が降りますので遮蔽になるんです。町場に住んでいる孫たちが喜んで橇滑りをするのです。それは町に住んでいる者には思い出になるのではないかと思います。また行きたいなと言っているので、これからもしなければならないと今考えています。

あともうひとつは、**飯舘村は準備区域、それから居住制限区域、それから帰宅困難区域の三つに分かれています。その区域割は何だったのか、全然わかりません。**線量が一番低い部分が避難していない福島県の地域、それから準備区域、居住制限区域、それから帰還困難区域は**いずれも同じ除染で五㎝しか取っていない**。こういう段階の最後部に行くにつれて、放射能が多く降り注いだと考えられます。**それを下げるには飯舘村はもっと倍くらいやらないと下がりません。**とにかく孫たちが楽しく故郷に戻れるような形を進めたい。これから皆さんにご協力をいただきながら、なんとか故郷の再生にがんばりたいと思っております。

菅野永徳（佐須地区、農家）

再生の会には大変お世話になっています。飯舘村はこれからどうやって人が集まれる村にしていくかを考える必要がある、なぜなら今までの**飯舘村は、農業をやりながら企業に勤める兼業農家が多かった**からです。先ほど、和牛とかで農業経営をするというお話がありましたが、いままで勤めながら農業をやっていた人が飯舘村には多く、若い人は勤めに出て、家に残った年寄りが農業に携わって生活をしてきた。それが崩れた。この事故によって避難をしたところが便利のいいところで、便利さを求め、そして、仕事を求め、若い人たちは職に就く、そうしたときに、**本当に私のようにもう七七歳、七八になるようなおじいちゃん、おばあちゃんがこれから家に戻ってきて「どのような生活をしていけばいいんだかな」そう考えますと、本当にやるせない、今までこの生きてきた時代は何だったのかな、**そういうことをしみじみ感じているわけであります。

やはり昔の歴史は大切だったと考えております。山津見神社については、田尾さんがおいでいただき、和歌山大学あるいは東京の芸大そういう先生方が山津見神社の絵の復元に携わってくれました。その時に、資金をどうするかとなった。一枚が三〇万と高価なもので、その絵が二四〇枚あった。幸いそのオオカミの絵の写真は和歌山大学の先生が火災になる二カ月前に撮り終わって記録として残っていた。その二四〇枚が今、復元されて福島県の美術館のほうで展示会をされ、山津見神社に帰ってきて、天井に二〇日に貼り終わりました。その天井を見たときに感動しました。そういう歴史ある神社だからこそ、年間三万人ほど神社にお参りに来る。皆さんにも飯舘に来たときには一度お参りをしていただきたい。

その神社をたて(中心)に、私たちの部落、佐須部落は六六戸ある。山津見神社は近在近郷から、海の神、あるいは野の神として崇敬者が多い。そこで、かつて佐須部落の人たちが、茶屋を出したのです。昔は車もなくバスもない時代で、歩いて来て一晩かかってきて、その茶屋あるいは神社に泊まるところがあった。寝泊まりをして祈禱をして、それからお祭りをして地域の人たちとお山おろしをして帰っていった。そういう歴史的な大きな神社を、これからは、観光の目玉として、村も宗教だからとぞんざいに扱うのではなく、飯舘村全域の観光名所という形で取り組んでもらえればよいなと常に思っています。

これからの村づくりの中で年老いた人が、小さなハウスでもよいです、帰ってきたときに農業をやるために、そのステップとして一棟ぐらい三間の一〇間から二〇間ぐらいでいいですから、そういう小さなものを各地区に準備をされて、そして年老いた人がそこで野菜をつくり、孫とかひこ孫とかそういう人たちに送ってやって、それが糧になって住民が戻ってくるような、そういう発想をこれから持っていただきたい。大きい百姓だけでなく、小さいところに目を向けていただきたい。

それから、これから空き家が多くなると思います。核家族になり、移住したとなると、その空き家をどうしたらいいか。村で保存してゆくのか、それとも東京の人たちに利用していただくか。私たちでできることをいろいろこれから考えて飯舘村の発想になっていければよいなと思います。そのためにも**「歴史というものは大切ですよ」と伝えておきたい。**

菅野榮子（佐須地区、農家）・菅野芳子（佐須地区、農家）

菅野榮子　飯舘村の永徳さんと同じところから来ました。隣にいるのが同じ仮設の菅野芳子さんです。よっちゃんは**同じ仮設住宅の屋根の下で五年間、同じ集落で五〇年間も一緒にやってきた仲間です。貧しかった、何にもなかった村の村興しにも参画し、参加してきた人生でした。飯舘村に生まれ、飯舘の土になろうと決心していた矢先**のこの原発の事故で、聞いたこともないホットスポットに飯舘村がスポッと入ってしまいました。この間の悩み、苦しみ、寂しさは口に表せないものが多々あります。

ドキュメンタリー作家の古居みずえさんとの出会いもありまして、映画『飯舘村の母ちゃんたち　土とともに』（古居みずえ監督・撮影：映画「飯舘村の母ちゃん」制作支援の会、二〇一六年／九五分）が三月の上旬に試写会があり、その後、要請があるところには上映に行っていますので、ご覧になった方もいらっしゃると思います。映画には私とよっちゃんの苦しみ、飯舘村村民全体の苦しみが入っている。孫と引き裂かれ、この原発のために家族は分断され、絵にも筆にも書けない五年間を歩んできました。経験した人でないとわからないことが多々あります。でも私たちは、一生懸命この五年間生きてきました。そこの中で私とよっちゃんは同じ屋根の下に住み、同じおかずを分け合いながら一人が一品ずつ作れば二品の副食が食べられる。畑を作り、共に生きるっていうことが、本当に何物にも代え難いものだと経験させていただいたと思って感謝しております。

原発事故には感謝しませんけれど、**この原発が事故を起こして、私たちにこの重荷を背負わせてくれたことによって、そのかけがえのない「生きる」「人間が生きる」ことに対しての貴重な経験をさせていただきました。これからも、残された人生を生きていかなければ私たちはなりません。**孫や子供には私は遺言状は書けないと思ってます。よっちゃんどうですか？

菅野芳子　書けないです。

菅野榮子　そんな考えを持ってますけど、私たちが人間らしく生きるということに対して、どういう生き方が本当の人間としての幸せなのかを、私なりに探究させていただいた五年でした。村に帰ろかな、帰らないかな、よっちゃんとも本当に悩みました。私は味噌もつくってきましたし、凍み餅やら飯舘の食文化をそれなりにじいちゃん、ばあちゃんに教えられて、守っていかなければならないものは、子供や孫に伝えなければならないと思ってきました。そういう大切な食文化が絶えてしまわないように、できるところに行って残しておこうと思って頑張ってきました。味噌も凍み餅も鴫原さんにも協力していただいて、長野県の小海町によっちゃんとも一緒に行って作ってきた。六年も作りましたので、もう向こうで自立してちゃんとビジネス化されています。「かあちゃんの家」があるところにいって直売会をやって大変好評だったと喜んで、完売したそうです。

そんな事業もやり首都圏の関東地方で九七〇人の参加がありました。三年間佐須の味噌蔵に里親さんの味噌を熟成したところ、役場に持っていって調査していただいたら、放射能は入っていないとの結果がでましたので、佐須の味噌の遺伝子はちゃんと村に返していただきました。そんな事業に取り組んできた五年間でした。

IAEAは一 mSv 以内で住みましょう、生きましょうと、世界はそういう風に決定してます。で、**飯舘村はホットスポットで一生懸命除染しても、一mSvにはならない、五mSvで我慢しましょうって、帰村宣言がされるのです。そういうところに孫を連れて帰れないのは明白でしょう。年寄りばっかりが帰っていく。**よっちゃん帰る？　どうする？

菅野芳子　帰りたいと思ってます。今は。

菅野榮子　よっちゃんは帰りたいって言うんだよね。よっちゃんは家付き娘なんです。私は嫁なんです。その違いがある。私は関東のいろいろなところに味噌つきに行きましたから、施設の皆さんと出会いがあって、施設からのお誘いもありましたから、日本のどこかであれば生きていける。「私は施設に行くわ」と言ったんですが、よっちゃんは……

菅野芳子　故郷、飯舘村が恋しくて、「他所さへは行きたくなーい」って言ったんです。

菅野榮子　そういうわけです。で、五年間ひとりでは生きられなかったけれども、湯たんぽ抱いて寝ていた、そういう月日もありましたけど、よっちゃんと二人だったから畑を耕して二人で一人前で五年間を婆あ漫才をやりながら生きてきました。その**よっちゃんの心を大切にし、また私も「終の場所は飯舘村」と決めた人生でしたので、あの山川の姿ときれいな空気と清らかな水の流れとせせらぎと、この頭の中に刻み込まれております。よっちゃんと一緒に村に帰ることに決心しました**（拍手）。

一人では生きられないけれど、二人では生きられる。そういうことを踏まえて、これからは帰ることを前提にして、村、県、国ともろもろと相談しながら年老いた後期高齢者に突入した高齢者たちが、安全と安心を担保にしていただいて、事故のない晩年の終生、そういう人生を終わりたいと思っております。そして皆様の識見のある、学識経験者の知恵をいろいろとご拝借しながら、そして私たちは何もかも村のあの真っ黒いフレコンバッグの中に財産はすべて、先祖代々伝わってきたものは、あの中に入ってしまいました。

避難後の人と人との出会い、私たちが味噌をつくり、凍み餅をつくり、またこうして報告会に参加させていただいた方々との出会いが、ひとつの大きな宝になりました。その宝を十分に発揮しながら、あの美しい村の再生に老いの身ながら、第一歩を踏み出したい。それは希望、放射能に侵されて避難させられた中での生活になんも希望はなかったけれども、今、その希望の一点を見出すことができました。**よっちゃんと一緒に帰ります**（拍手）。

鴫原良友（長泥地区、農家）

田尾さんには体だけ来てくださいと言われ、しゃべれって言われて……。何言うかわかりません。話が行ったり来たりする。家は、震災のとき今の規制委員長をやってる田中俊一さんが、福島県で一番放射能の高いところを除染したいと、大熊、双葉といろいろ来たのですが規制されていて入れない。飯舘村はその時は、規制されていないので、本当にあの人たちは原子力に勤めている人たちはわかってきたのかなと。皆さん、津波で飯舘村に避難してきたとき、放射能なんてチョットわからなかったです。

田中規制委員長が測った時には一八〇μSv/hくらい、俺の家で高いところがあった。**今も三〇μSv/hというの、高いところはそれくらいあります。俺の家は除染したからなんだか、三〜四μSv/h、いいところで二μSv/hになった。家の中で。内も外も同じです。**その時（津波の時）飯舘村では避難してきた人に皆で協力しておにぎりを握ったり、私は役場に呼ばれた時に行ってみたら一二〇〇人ぐらい、食べ物がひとつもありませんでした。イーコープとセブンイレブンがあったくらいです。それも後で気が付いたのですが、長泥の公民館でおにぎりを握った時、九〇μSv/h、その中でおにぎりを握っていた。公民館の中で一カ月過ぎても一七μSv/h、そんな状態でいました。

話は飛ぶんですが、**皆さんはさっき、本当に前向きな、今日、飯舘から来ている人の話でした。私のところは、いつ除染してもらえるか、やるかやらないかわかりません。**今度の一一月の六日に国のほうから指針の説明があると、やっとこの五年半以上、六年ですかもう、帰村できるとか、除染できるとかいうそんな話じゃないです。**俺としては今、農業やるとかハウス作るとか、牛飼いをするとは正直なってません。今はどうやってこの長泥を維持管理するか。将来、何というか消滅するのかもしれないと思ってます。**だから今頑張って、バリケードの中で草を刈っている。それに私は神仏が好きなんでしょうね、白鳥神社というのがあるのですが、毎年、例大祭を宮司さんに頼んでやってます。この五年間、この維持管理をなぜやりたいっていうと、先祖、親に感謝をしたいからです。

それに皆、今、福島のほうにいったり、いろいろなところに家を建てて、暮らすんだけど、皆、東電からお金貰って補償、賠償してもらって建ててるのかなと皆思ってるのかもしれないけど、俺は違うと思ってる。親だと思う。部落の住民、先祖に感謝をしたい、この人たちが頑張ってきたから今、俺、あの、福島に家、購入したのですが、孫と一緒に暮らせるのかなと。

もうひとつ神のことを言うと、何で神社を尊ぶのかというと、これコミュニティっていうのか話し合い、昔の人はホントに困って何軒かで奉ってきたのが、コミュニティというか話し合いの原点かなと本気になって考えてみれば、**その繋がりとか、苦しみとか、悲しみとか、喜びとか、そういうものが詰まっているところかなと、そこの原点をわかれば、今、この避難してバラバラになっている心がひとつになれるのかなと、それを今、俺としては気が付いたのは、やっぱし、さっき言ったように、人に有り難う、人に感謝をする、親、先祖に感謝をする、**それがないと、今のコミュニティとかいろいろ話している繋がりがなくなるのかなと。

もうひとこと言えば、村っかて部落がなくなるのかなと、『もどれない故郷(ふるさと)ながどろ――飯舘村帰宅困難区域の記憶』(長泥記録誌編集委員会編、芙蓉書房出版)という本を、新潟県立大学の山中（知彦）先生、写真家の前田（せいめい）さんも一緒につくってもらいました。いま、復興とか何か、進んでいることを話しているんですが、俺としては、部落をどうするのかっていうのが一番、頭に残って、どうやって維持していくのか、ハウスを作ったり牛を飼ったりというところまで行きません。いつになったら除染したり、長泥をどうするのだべ、取りあえず今は、村を部落を維持していくということを考えています。

菅野義人（比曽地区、農家）

いまいろいろとお話しをされましたが、**それぞれの置かれている状態が全く違う**。村全体としてどうするのかという話は、一人ひとりに当てはまらないかもしれません。その上で**私がお話したいことが三つ**あります。まず**ひとつはこの、避難指示解除で帰村をさせる、という政策です。私は飯舘村の場合は帰村率を上げる政策がやはり必要なんだろうなと感じています**。それぞれの考えによって新しい場所、あるいは村に戻っていいとされてますが、やはり飯舘のような農山村は、ある程度まわりに人がいないと、戻った人たちの生活の環境がなかなか整わないのが現実なんです。ですから、**避難指示解除だけでなく、もっと人を多く戻すための政策を取っていくことがまず必要なのだろう**。それは国の政策とは違って、やっぱり**村の政策として、やっていく必要がある**のではないかと感じます。

あとは、よくコミュニティという話があります。お互いに顔見知りだからコミュニティがあるというのではなくて、やはり、生活の舞台を一緒にするということがコミュニティの大きな根幹です。**私は失われた地域を再生するためにはやっぱり、地域の主体性なり自主性なりに任せた再生の方法を取れればいい、と考えています。**まあ、村のほうでも国に対して「交付金を使って村の判断でいろんなことができるようにしてください」と要望しています。それを**もっと小さくして、それなりの行政区の単位の中で自分たちの村に戻った人と戻らない人とのコミュニティをどうするのかというのも、その使い方もその地区に任せて、そういう中でコミュニティが再生するようになる**と思います。

あともうひとつだけ。**農業の再生。**先ほどお話があった牛にしても施設野菜にしても、やっぱり村の中にトップランナーは必要だと思います。制度を活用してとにかく村の中でできる農業に挑戦してもらうことは必要なんでしょう。ただ、私はいま、自分の農地を見ると唖然としてしまいます。今まで石のなかったところに石があり、そして非常に水捌けがよくていい田んぼには、ちょっとした雨で水が溜まる。溝口先生の展示の中にありました、土を掘ってみると二つのコブがある。要するに表面も硬いしその下も硬い、**こういう土を何とかしないと私は農業の再生はできないと思っています。農業の再生の前にやっぱり農地の再生を**自分ではやりたいし、これをしっかりやることで、やがて自分の息子が戻ってこられる素地ができるのではないかと考えています。

この事業は、なかなか農家の個人だけではできない。もちろん農業をやりながらでもできますが、農業を始める前にやっぱり、本格的に何年かかけて、もっと点から面に広がる農業再生の政策が必要ではないかと考えております。私にはなんの権限もございませんで、自分でできるところからやっていきたい。

菅野クニ（宮内地区、元保健師）

私はこの東大の農学部に入ったのは二回目です。実は私の舅が、森の名人一〇〇人に二〇〇三年度に選ばれました。高校生が聞き書き甲子園で森の名人に聞いて書いていくのです。その表彰式が弥生講堂でありました。そんな**舅が今回、避難という形になった時に、この舅の元気な姿を避難しても、元気な姿で飯舘に返したいな**と思いました。そのためには何をしなければならないかと思ったときに、森の名人はやっぱり森の名人なのです。彼のやってきたことを、そのまま続けさせて、「帰ってきてもそれができるよ」と言ってあげることが、私は今年九〇歳になった舅に対してやれることかなと思っています。避難生活が何年になるかわからないけれど、そこを目標にやってきました。

そのためにやってきたことが、森の名人の中の森の恵み部門、山菜名人です。**山菜を三〇年**

以上かけてやってきた。この年寄りの生きがいである山菜を採れなくしてしまった。多くの高齢者の方々ががっかりして飯舘に帰ってもすることがない、楽しみがないと言っているのです。その中で我が家のおじいさんは、なんの心配もなく食べているのです。

イグネの除染についてはたくさんの報告があります。そして伐採した木にこれくらいの線量があるという報告があります。屋敷周りの除染は「アー、綺麗になってよかったな」と思ったのですが、自分の家のイグネの木を見た時に涙がこぼれました。この切られた木は夫が生まれた後に、おばあちゃんの親、実家のおじいちゃん、おばあちゃんがそのスギの苗を持ってきて植林したスギなのです。それを両親と夫が育ててきた。いくら線量を下げるためといえ、一年や二年でもどる木じゃないのです。六五年かかった木、これを、「この苗は将来、家を建てろ、何かのときに売ってお金の足しにしろ」とおじいちゃんが孫のために植えた木が朽ちていくのは情けなかったのです。

そして**樹皮を剝げば大丈夫だという話、スギのどこにどう含まれるか。そういうデータが再生の会にもありましたし樹皮を剝いだら使えるのではないか、でも使ってくれるとこがあるんだろうか？**　そう思っていたところに、実は私の家で改築するためにお願いした業者さんが「えーっ、そんな木があるんですか、使いましょう」って言ってくださった。実は東大で測ってもらっています。三〇〇本の木を使って、柱も壁も木（角材）です。ですから周りは汚染された木だらけの壁なのです。そこで**年間暮らすと〇・〇七 mSv のプラス**です。ですからコミュニティの場所であり、情報発信の場所でありたい。そしたら一昨日、私の友人がやってきて二度目の宿泊をしたんです。その木だらけの木の壁のあるログハウスに泊まって友人が、「実は前回泊まったときには頭が痛くて痛くて仕方がなかった、それまで何カ月も頭痛でね。ところが、あの後、頭痛がなくなったのよ」と言いました。星空観察をしました。オリオン座流星群をたっぷり楽しみました。後は実際に来ていただいて、味わっていただければいいかと思います。

†高校生の声

二〇一七年七月二三日〜二四日、内田理さんの紹介で、金澤みなみ先生が率いる埼玉県立鴻巣高校の一〜三年有志二四人と先生二人によるボランティアツアーが飯舘にやってきた。ふくしま再生の会にとっては初めての高校生ツアーである。飯舘村で何を見て、何を感じたのか。とても立派な報告集をいただいた。

生徒さんの感想より

「震災が日本で起きたのは紛れもない事実であるということです。報道で目にするものはあくまで情報であり、そこに隠された真実を実際に見ることはできません」

「福島県に着いて一番初めに渡された線量計。それをつけたときにこの村には本当に放射能がいまだに残っているんだなと実感しました」

「向日葵は景観を良くするため、農地を維持するためにたくさん植えられていて、私達が行ったときは雨で下を向いていましたが晴れたらキレイなんだなと思いました」

「バスの移動中では、多くの家を見たのですが、家はきれいなのに人が住んでいないと聞いて、寂しい気持ちになりました」

「自分たちの地域は自分たちでつくるという飯舘村はとてもすごいと思います。被災した土地を利用し花などを植え景観を良くしていました」

「牛が飼われていたはずの牛舎には何もなくて、使われていない学校があって、きっと一年生だった子は、この学校で卒業することができなくて、戻れないまま今、中学二年生になっているのかなと思い、胸が苦しくなりました」

「実際に自分の目で見た現実や、お話により飯舘村への不安が除かれました。放射線量は基準よりも低く、自分の勝手な「福島」のイメージがなくなった気がします」

「原発による福島の被害は、テレビのニュースや新聞などで目にしていました。しかし、それだけでした。今回のボランティアで福島に実際に行き、現地の方々の話や気持ちを聞き、この目で福島の現状を見たとき、はじめて実感しました」

「去年、福島復興支援ボランティアに参加しました。その時、福島の方達はとても温かく、自然豊かで食べ物も空気もおいしくて素敵な場所だと改めて感じました。なので、今年も福島復興支援ボランティアに参加して何か少しでも力になれたらいいなと思い行きました」

「体験した中で一番驚いた時は、放射線を線量計で測った時でした。バスの中での数値はとても低かったのに、帰還困難地域で通行制限されていた柵の前で測ってみると数値が上がっていくのには驚きました」

「今回のこのボランティアを通して福島のよさ、震災の被害を受けた地域の人達がみんなに伝えたい気持ちなどを知ることができました。自然が多いことがとても印象的でした」

「飯舘村に近づくにつれて、バスの窓からは緑が多くて自然豊かな田園風景になりました。飯舘は本当に被害を受けたのかと疑うぐらい自然豊かなすばらしい町でした」

「ボランティアに行ってみて自分が想像していたこと以上にひどい状況で、まだまだ復興していないことに悲しくなりました。もう六年も時間が経っているのにフレコンバッグの山が村の中に大量にあって驚きました」

「飯舘村は、三・一一の地震や津波の被害は大きくはなく、本来であればすぐにでも避難場所から戻ってくることができたはずで、復興に向けて大きく進捗していたはずかと思います」

「震災から六年が経った今、福島県は少しずつ活気が戻っているように見えました。福島県産の米や野菜、果物はおいしく安全に食べることができます。しかし、実際に福島

鴻巣高校　福島復興支援ボランティア

県を訪れると厳しい現実を見ることとなりました」

「放射線が多くいまだに許可がないと入れない場所がありました。被害の影響で移住せざるを得ない人たちがいて、その方々はとても辛い思いをして移住したと考えると胸が痛みました」

「一番印象に残っているのがフレコンバッグです。フレコンバッグの中には放射能のかかった土が入っていて山のように置いてあります」

「バスの中で見た飯舘村は、車はあまり走っていない、家はあるけど人が住んでいる感じがしないような家がありました。事前学習で勉強したフレコンバッグも写真で見た時よりもいろんな場所にたくさんつまれていました」

「今回一番驚き、知識不足と感じたことは、放射能は土に溜まるということでした。私は土ではなく空気だと勘違いしていました。まだまだ、自分は勉強不足だと思ったけれど私のほかにも同じような勘違いや決めつけをしている人も少なくないと思います」

「七年前とはとても変わってしまった風景を目にして驚きました。テレビで見ていたものとあまりにかけ離れていたからです。やはり自分の目で見て物事を考えることは大切なんだということも学ぶことができました」

「僕が福島に行ってまず思ったことは今の自分の生活に感謝しなければいけないということです。そしてもっと被災地を応援し一日でも早く元の福島にもどしたいと思いました」

「あれから六年が経ち、正直落ち着いたと思っていました。しかし、実際に現地に行ってみると、そこには大量のフレコンバッグの山や、人や牛のいない牧場、人の住んでいない民家などがたくさんあり、そこだけ時が止まっているみたいでした」

「自分の考えの甘さや様々な事を学ぶことができました。また原発事故による町、村の人の複雑な気持ち、怒りや呆れなど色々考えることができました。そして自分がどれだけ幸せな思いをして今まで生きてきたのかを知ることができました」

「飯舘村への居住が出来るようになったものの、六年という月日の間に元村民の方々も村外の生活に慣れ、村へ戻って来たらまた新しい生活になるため、戻ってこない人が多いと聞きました」

†外国人の視点

ここで、日本で研究をしておられる若い二人の外国人研究者によるスタディツアーのレポートを紹介したい。一人目は、アメリカ出身のリンジー・モリソンさん。二〇一六年度渥美奨学生で、二〇一七年に国際基督教大学大学院アーツ・サイエンス研究科博士後期課程を修了し、現在は武蔵大学人文学部講師を務めておられる。専門は日本文化研究で、日本人の「ふるさと」意識の系譜について研究している。

「遠く険しい復興への道」リンジー・モリソン　SGRAかわらばん

二〇一七年九月一五日〜一七日、SGRAふくしまスタディツアーに参加し、今年の三月に避難指示解除が下りたのちの飯舘村の様子を観察してきた。私にとって二度目の参加で、約一年半ぶりの訪問であった。天気がよく、コスモスやススキが風になびく美しい飯舘村の秋の景色は、復興の兆しを見せ始めていた。村中に車が走り、新しい小学校の工事が始まり、村の人々が元通りの暮らしに戻れるように一生懸命努力していた。村民は、復興の道を日々着実に歩んでいる。それでも、村は完全に復興したとは決して言えない。帰還者はわずか四〇〇人（震災前の人口の約六〜七％）で、そのほとんどが六〇歳以上で無職の高齢者である。昼間だと人口は約一〇〇〇人まで増えると聞いたが、村が復興するのには、村に住み、村で働く人が必要なのだ。

最初の日は、高橋日出夫さんの温室を見せてもらった。高橋さんは最高級の花を育てている農家で、スタディツアーの時は色とりどりのトルコキキョウとアルストロメリアが満開だった。花の美しさに魅了された参加者が大いに盛り上がったことは一つの良い思い出となったが、一番印象深かったのは高橋さん自身の話であった。避難の六年間、高橋さんは福島市で農地を借りて野菜などを育てていた。「やっぱり農家は何かを育てていないと気が済まない」と気さくに話してくれた。避難指示解除が下りてから、高橋さんはいち早く飯舘村に帰ってきた。なぜなら、「自分の生まれた土地の景色がいいから」と語った。ふるさとの空と星はまるで自分のもののようで、よその空にはどうしても馴染めない、ということだった。それだけ高橋さんはふるさとの飯舘村を愛し、自分の一部として認識している。人間と自然の共存と融合。それこそ農家の生き方、また世界観なのだろう。高橋さんは、マスコミは来るたびに村民たちに辛い話ばかり求めてくるが、「私は戻れてすごく楽しい」と明るく話していた。

高橋さんの話を聞いて安心した参加者は私だけではないだろう。でも、高橋さんのように思う人はそれほど多くないのもまた事実である。高橋さんは帰還した六〜七％に含まれる一人だが、言うまでもなく高橋さんのような人は少数派のまた少数派だ。マジョリティーの九三〜九四％は自分たちのふるさとについてどう思っているのか、その話を聞くことができないのでわからない。帰還する人と、帰還しない人の違いは何だろう。一つは年齢である。帰還しない村民の多くは若い人で、すでに都市部で新しい生活を始めている。スタディツアーの間、帰還者が何度も話したように、原発事故の一番大きな悲劇は放射能汚染よりも、家族がバラバラになってしまったことであろう。事故前からも飯舘村を脅かしていた少子高齢化と過疎化は、事故によってさらに拍車がかかったのである。

日本の地方の過疎化は、ずいぶん前から懸念されている問題である。政府は過疎化を防止すべく、過疎地域の復興や雇用の増大に努めたり、大学生が都会に集まりすぎないように都市部の大学への入学を規制したり、文化庁を京都に移転させたり、さまざまな対策を講じてきたが、ほとんど効果が見られない。人口はどんどん三大都市に集中する一方である。その意味では、高齢者ばかりになってしまった今の飯舘村は、日本の地方の行く末を暗示しているのかもしれない。

スタディツアー二日目は明治時代に造られた校舎に集まり、村の長老である菅野永徳さんの話を聞いた。菅野さんの話によれば、飯舘村が直面している問題の中で、若い世代がいないことがもっとも深刻である。いま、飯舘村が抱えている問題は科学技術や政治関連のことよりも、文化の問題だという。若い人たちは伝統的な生活を後にして、便利さを求めてどんどん都市部に流れていく。

上の世代、特に農家の人たちにとっては、こうした世代間の考え方のギャップには理解しがたいものがある。農家は先祖代々の土地を耕して守るのが生活基盤であり、また生きがいでもある。途切れずに続いてきた伝統の中に自分が位置づけられ、自分と家の存在意義がある。だから、代々守ってきた土地を耕す人がいなくなったら、それは土地が荒れるだけでなく、自分たちの存在意義が失われかねないことをも意味しているのだ。高橋さんのようにふるさとの空や星が自分のものだと思っている人たちにとって、何十年、何百年もの伝統と、ご先祖様が見守ってきたふるさとの山川が荒れていくことほど苦しいことはないだろう。そうした状況の中、村民は絶えず村の将来を考えて、心配している。次の世代に何を残すかが、今後の大きな課題らしい。

その古い校舎の中で、菅野さんは「これからどうすればいいのか」と訪問者に問いかけた。正直、私にはわからない。私は政治家でもアクティビストでもない。この問題はどうすれば止まるのか、そもそも止められる問題かどうかもわからない。私は日本人のふるさと観を研究する者でありながら、日本のふるさとの行き先が見えない。冷たい畳の上に立って、自分の無力さを痛感した。

それでも、私は来年も、その翌年も、そしてその次の年も、飯舘村に行きたいと思う。何もできないかもしれないが、村を見て、村民たちと話して、引き続き村人の声を自分のまわりに届けていきたい。一人でも多くの人が飯舘村の村民の思いに触れ、そこに足を運んでくれることを願って。

二人目は、インドネシア出身のM・ジャクファル・イドルスさんのレポートである。イドルスさんは二〇一四年度渥美奨学生で、ガジャマダ大学文化科学部日本語学科卒業。国士舘大学大学院政治学研究科に在籍し「国民国家形成における博覧会とその役割——西欧、日本、およびインドネシアを中心として」をテーマに博士論文を執筆中で、同大学二一世紀アジア学部非常勤講師、アジア・日本研究センター客員研究員も務めておられた。研究領域はインドネシアを中心にアジア地域の政治と文化である。

「飯舘村復興の現状と課題」ジャクファル・イドルス

二〇一七年九月一五日（金）の早朝、北海道の上空を北朝鮮から発射されたICBM（ミサイル）が通過することを知らせる不気味な警報音が日本列島に響きわたった。その直後、私たちSGRAのメンバー一六名は東京駅から新幹線で福島の飯舘村に向けて出発した。渥美財団主催のSGRAふくしまスタディツアーは、二〇一一年三月一一日に発生した大震災による巨大な津波が日本の東北地方を襲い、福島原子力発電所事故に起因する放射能汚染など、世界史上稀に見る災害に対する復興状況を視察し学ぶことを目的に二〇一二年にスタートした。とくに、放射能汚染で全域が避難を余儀なくされた飯舘村に焦点を当てて、毎年、村の復興の状況について現地に出向いて観察を行ってきた。今回を含めると六回目のツアーとなるが、私自身は三回目の参加である。

今回のツアーには、日本人だけではなく、インドネシア、韓国、中国、ガーナ、イタリア、スウェーデン、カナダ、ネパール、アメリカからのメンバーの参加があった。飯舘村はこの四月に住民の避難区域から解除されたため、村民の帰還が始まり、新しい村づくりが動き出した。私たちは飯舘村の変化の現状を直接目で見て、また村の人々と交流することによって、新しい村づくりの取り組みの状況とその困難な課題について理解を深めたいと願っていた。それが今回のツアーの重要な目的であった。

私が前回の二〇一五年に訪れた時の飯舘村の光景をいまでも鮮明に覚えている。当時、村はまだ避難区域に指定されており、そのため放射能汚染を除染する作業員以外は、ほとんど人を見かけることはなかった。あちらこちらに空き家として放置された家々は雨風に打たれてボロボロの状態で、どこを見ても悲惨な光景が広がっていた。いまでも、多くの家々はいまだ空き家の状態であるし、家の周辺や田畑のあちこちに、除染土を詰めた黒い袋（フレコンバッグ）が山のように積み上げられている。

しかし、今回飯舘村に入ってみると、前回とは違う光景が私の目に飛び込んできた。ボロボロであった被災家屋のうち帰還を決意した人たちの家は、新しく建て替えられ、真新しい農業用のビニールハウスが点在していた。田んぼには緑の酒米が広がっている。この光景の変化は新しい村づくりがすでに始まっていることを私に強く感じさせた。今までの被災地の暗いイメージは変わろうとしていた。

村民の一人であり、「ふくしま再生の会」の副理事長でもある菅野宗夫さんの話を聞き、新しい村づくりの問題はそんなに単純ではないことを私たちは知るようになる。菅野さんが語った「村は避難区域から解除され、村民の帰宅は可能となりましたが、村は様々な困難に直面しています。その様々な問題と困難とは何なのか、皆さんに実際にその目で見て、体で感じて欲しいのです」というお話こそ、私たちSGRAふくしまツアーの目的そのものであった。

飯舘村総務課長によれば被災前には約六〇〇〇人であった村の住民のうち、現在村に戻ってきたのはわずか四〇〇人に過ぎない。しかもそのほとんどは高齢者であり、大多数の村民は村外から昼間村に通っている状況にある。今後村が元の姿に戻るには、住民帰還に向けた環境の整備のための数多くの解決困難な問題を克服していかなければならない。

今回のツアーでは、数多くの施設を見学し、新しい村づくりに努力する人々からも話を聞くことができた。そのいくつかの状況について簡単に報告したい。

①老人ホーム
震災以前に建てられた立派な建物は、震災による被害はなかったため、現在も使用可能である。しかし、看護師や介護士の数が大幅に不足しているため、それを維持し、充実させるには困難な状況が続いている。

②メガソーラーパネル
村の西側地区に田や畑に代わって、東京の大企業の大規模なメガソーラーパネルが設置されている。これは新しい村づくりのひとつの試みとも考えられるが、私は村の美しい自然との調和という点で、率直に言って違和感を覚えた。飯舘村の人々の生活で新たな問題となることがないよう願っている。

③花作り
農家の高橋さんの花作りのビニールハウスを見学し、高橋さんの力強い話を聞いた。このような村に戻ってきた人たちの未来に向けた一人一人の努力が村の発展の基礎であることを強く感じさせられた。困難を克服しようという高橋さんのエネルギーには少なからず感動を覚えた。

④道の駅「までい館」
「までい館」は飯舘村の復興のシンボルとして、国の重点支援を受けて作られた施設である。村内には、

まだ以前のような商店はなく、帰ってきた村民の生活環境の向上や交流の場として、コンビニ、農産物の直売、軽食コーナーなどの施設の充実が図られている。このような施設がさらに発展して、村外からの人々も集まるようになることを期待したい。

⑤マキバノハナゾノ

上述の高橋さんの花作りとは別に、「花の仙人」と呼ばれている大久保金一さん（七六歳）の花園を見学した。夢のある大きなプロジェクトで、放射能汚染の被害を受けた山の中腹や水田を利用して水仙や桜などを植えていく大規模な花園作りが試みられている。ボランティアの若者グループも協力しているそうで、とても七六歳とは思えないエネルギーには驚かされた。ここが近い将来、復興のシンボルとして飯舘村の名所になるに違いない。

⑥宗教施設

山津見神社を見学した。ここで偶然飯舘村の村長と出会い、村の現状について話を聞くことができた。私は村の復興にとって宗教の存在は非常に大きいと思う。とくに日本の社会はその伝統的な習慣や祭りなど、神社や寺院と密接に結びついてきた。私はインドネシア人でイスラム教徒であるが、インドネシアでも被災の復興では宗教が重要な役割を担う。

今回のSGRAふくしまツアーでは、飯舘村の人々と心暖まる数多くの交流ができ、また多くのことを学ぶことができた。ご協力をいただいた皆さまに心から感謝申し上げます。避難区域から解除されたことは新しい出発点に立ったことであると思う。私も飯舘村の明るい未来を信じて、これからも強い関心を持ち続けていきたいと思う。

†佐須の田植え

二〇一八年五月二七日、ふくしま再生の会八回目の田植えに、飯舘村を応援するすぎなみ有志の会、SGRAの留学生、富士通SSL（ソーシアルサイエンスラボラトリ）、谷賢一さんと演劇グループなど七十数名が集まった。九四歳の菅野次男さんの田植え・早苗饗（さなぶり）で恒例の歌声が、田んぼの上に響き渡っていった。以下その報告である。

富士通SSL　二〇一八年六月一九日

「福島県飯舘村 視察と田植えに参加」ソリューション開発センター

震災から七年、避難指示解除から一年が経った飯舘村の視察に社員有志で参加しました。当日は、企業、行政、NPOなど七〇名を超える様々な国籍の方が参加され、復興の取り組み状況についてお話を伺い、対話を行いました。また、田植えも経験しました。

報道での復興状況と実際に見る風景は大きく異なり、かつての農作地にはフレコンバッグ（汚染土がつまった袋）が敷き詰められた異質な光景に胸が締め付けられました。その一方で、復興・再生に関わっている村民やそれに協力する村外の方々は、現状を嘆くのではなく前向きに行動している姿が印象的でした。

現状を知るためのフィールドワークでは、汚染土除去のため山砂が入り踏み固められてしまった田んぼや畑を自力で復旧している方や、放射線量を下げるための工夫や努力を続けて生活圏内の放射線量を劇的に下げた方の話を聞くことができ、できることを一歩ずつ実行されている姿に頭が下がる想いでした。交流会では地元の酒やどぶろくがふるまわれ、地元に対する愛着や、いま何ができるか、これからどうしていくかという未来の話であふれました。

田植えは晴天に恵まれ、みんな泥だらけになりながら楽しそうに田植えを行い、田植え後の早苗饗（さなぶり）（田植え後の祝宴）では、地元の唄が披露され、国籍の垣根を越えて地元の方や村外の方の笑顔であふれていました。

自分には何ができるのだろうと自問自答を繰り返す二日間でしたが、復興支援だけでなく、自分にできることはやらねばという想いを抱き帰宅しました。また、多様な方々との交流はこれからの私の視野を大きく広げてくれると思います。

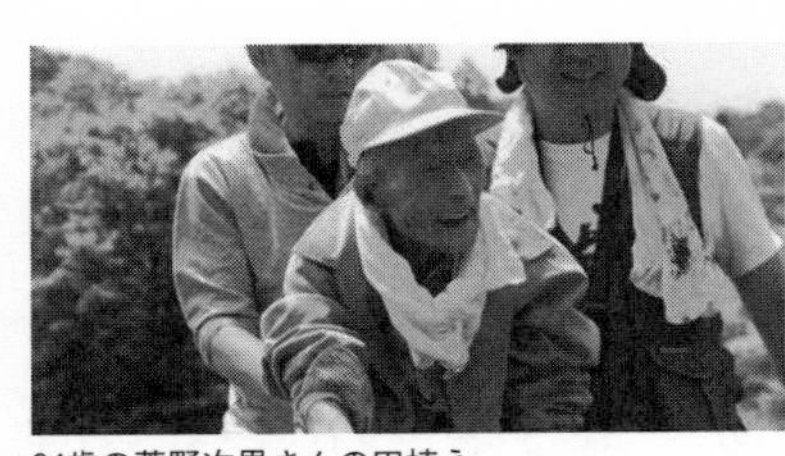

94歳の菅野次男さんの田植え

「ふくしま再生の会」や当日参加された皆さん、ありがとうございました。

†都会と農村の交流を目指して

二〇一八年二月二四日、東京事務所からすぐ近くの「細田工務店杉並リボン館」をお借りして、第一七回報告会「飯舘村 inすぎなみ 話して、食べて、つながろう！」を開催した。東京都杉並区のＮＰＯと共催である。今回はこれからの都会に暮らす人と農村との交流が始まるきっかけとなることを目指し、飯舘産品の試食会も取り入れた。

冒頭あいさつのあと、佐藤公一佐須行政区長より、佐須地域を将来につなげていくために必要なことなどの報告があった。続いて菅野宗夫副理事長より、以前の村の様子や事故後の経緯、取り組んでいるハウス栽培や酒米栽培のチャレンジについて、明治大学農学部元教授の竹迫紘先生より、ハウス栽培を中心としたシステムの説明や今後の課題について、明治大学黒川農場の小清水正美先生より、パプリカ・ヤーコン・ホウレン草などを使った加工品の試作やその可能性について報告があった。

第17回報告会「飯舘村 in すぎなみ
話して、食べて、つながろう！」

再生の会の伊井一夫理事より農産物の放射能測定結果について説明の後、試食タイムとなった。解説のあった加工品に加え、お米マイスターの土鍋で炊いた佐須の新米、フェリス女学院高雄綾子先生のホウレン草のケーキ、明治大学本所ゼミのみなさんによるホウレン草のしゃぶしゃぶが並び、参加者は自然の恵みを堪能した。

後半の最初は、菅野永徳さんより、ふるさとの歴史や文化の価値、自然とともにある村の暮らしと都市の人たちとの交流について、大永貴規副理事長より、これまでのハウス栽培の取り組みと、農業体験を軸とした農泊事業による都市との交流について、最後に東大の溝口勝教授・副理事長より農業再生の課題、特にICT技術を活用した営農管理システムについての報告があった。

その後、後援・協力いただいた方々より挨拶、質疑応答では、交流の中でできること、再生可能エネルギーの意味などについて意見を交わした。帰り際、松塚で花のハウス栽培を手掛ける高橋日出夫さんから贈られた、アルストロメリアを全員に持ち帰ってもらった。

後援団体
飯舘村佐須行政区活性化協議会、NPO法人CBすぎなみプラス、明治大学農学部、明治大学付属黒川農場、東京大学農学生命科学研究科アグリコクーン農における放射線影響FG、NPO法人都市農村交流推進センター、認定NPO法人ふるさと回帰支援センター、オイシックスドット大地（株）、（株）カタログハウス、（公財）渥美国際交流財団SGRA、（株）富士通SSL、（株）細田工務店、大提燈米穀店

†アートの視点から

二〇一九年九月にSGRAふくしまスタディツアー第八回に参加してくださった楊淳婷（ヤンチュンティン）さんのレポートを最後に紹介したい。楊さんは台湾出身で、二〇一八年度渥美奨学生で学術博士（東京藝術大学）、アートマネジメント、文化政策分野で研究・活動をしている。二〇一九年度現在はNPO法人「音まち計画」の主催事業「イミグレーション・ミュージアム・東京」の企画統括を務める。楊さんはアートの専門家として、我々が始めたアートを取り入れた飯舘村再生の取り組みについて評価してくださっているが、この取り組みについては次章を参照されたい。

「ふるさとの再生」　楊淳婷

二〇一九年九月二一日から二三日までの三日間、福島県飯舘村の訪問を軸としたスタディツアーの一参加者として、非常に充実した時間を過ごした。震災／復興という漠然とした言葉で括られている、福島で起きた／起きている出来事、すなわち二〇一一年の福島第一原子力発電所事故による放射能汚染と住民の避難、そして近年、その除染作業の進行に伴う土地利用や住民の帰還について見聞きしたことを少しお伝えしたい。

原発事故の経過を回顧し、廃炉作業の現状や予定について紹介する「東京電力廃炉資料館」から我々のツアーが始まった。東電の旧経営陣の三人に無罪判決が下された数日後だった。当該資料館の解説員や映像紹介によって、「自然現象など外的事象が引きおこす過酷事故のリスクを軽視し、安全対策を継続的に強化してこなかった、申し訳ない」という弁解が繰り返された。しかし、福島県沖を震源と設定した場合、津波水位の最大値は一五・七メートルという計算結果が東電に報告された二〇〇八年から震災の発生まで、特に対策を講じてこなかったという事実説明のほうがむしろ印象深かった。

その後、原発災害による避難で日常を中断されていた飯舘村に向かった。震災から六年後、二〇一七年三月三一日に、一行政区を除き、避難指示がようやく解除された村である。今年九月の統計によると、約六五〇〇名の登録人口のうち、一二〇〇名未満の村民しか帰還していない。噂通り、美しい山に囲まれた村内には汚染土などを保管するフレコンバッグが大量に積み上げられており、農地の一角にはソーラーパネルが一面に広がっていた。

仮設住宅の木造建材を再利用し、飯舘村内外の交流を図る宿泊施設「風と土の家」に我々は滞在しながら、「ふくしま再生の会」理事長の田尾陽一さんや、副理事長であり東京大学大学院農学生命科学研究科教授でもある溝口勝さんなどによるレクチャーを受け、農林畜産業を生業としてきた飯舘村の現在を見学した。トルコキキョウなどお花のハウス栽培農家、遠隔監視装置が装備された牛舎、放射線セシウムの除染工事の跡が窺える「松塚土壌博物館」や、経済作物として見込まれて栽培実験中の漆（うるし）の畑などを見学した。さらに、桜やバラなど様々な花を谷一杯に栽培し、桃源郷のような花園を作ることに取り組んでいる大久保金一さんにご指導いただきながら花植え体験をした。また、我々が手作りした多国籍料理が並べられ、村民が即興で披露してくれた歌や踊りで賑わった佐須公民館（旧佐須小学校校舎）での交流晩餐会も思い出深い。

実は、飯舘村の村民と数えられる人の中には、田尾さん一家などここ二年間新たに転入した移住者一〇〇人以上が含まれる。それゆえ、飯舘村の再生をめぐって「外部の人」の見解に反感を抱く村民も見受けられるのだという。村中の人々が足並みを揃えているわけではないが、「ふくしま再生の会」は村全体に影響を及ぼしかねない新しい取り組みに着手している。「大地の芸術祭」や「瀬戸内国際芸術祭」のアートディレクターとして知られている北川フラムさんを迎えて、地域文化を掘り起こし、村に訪問者を呼び込む「アートプロジェクト」の構想がスタートしたのである。

なぜ震災後の農村の再建に「アート」を取り入れるのか、疑問を抱く方は少なくないだろう。けれども、アート分野で学ぶ筆者にとってこの考えは理に叶っている。アートは、普段人々が見えていない物事を「見える化」したり、既成概念を問い直したりして、あらゆる事象に独自の価値を付与する傾向がある。鑑賞者はアート作品によって思考が刺激され、さまざまな発見や再認識が促される。このような特性から、アーティストが持ち込む新しい視点によって地域の魅力が見出され、発信されるという期待のもと、すでに日本各地で地域創生の手段の一つとしてアートプロジェクトが多く実践されている。

飯舘村の再生は、田尾さんに言わせれば、決して「元のまま」に戻すことではない。放射能汚染ばかりが問題視されているが、原発事故が破壊したのは自然と人間の関係性であり、その関係性が断ち切られた人々の精神であると田尾さんは主張する。この意味において、アートプロジェクトは少なくとも人と人、人と土地の新しい関係性や愛着感を醸成する糸口となるかもしれない。

再生に向かう飯舘村の取り組みは、農林畜産業から芸術活動にまで広がっている。「内部の人」であろうとなかろうと、地についた研究・調査力から飛躍的な想像力を持つ多分野の協力者が重層的に展開している活動の数々は、市民の豊かな創造性が芽吹き始めていることを物語っているのではないだろうか。

国際教育プログラムの実施

二〇一九年八月一一日～二四日の一四日間、公益社団法人CISVの国際プログラム「Stories of Fukushima, Exploring Stigma and Inspiring Actions」として、九カ国から集まるボランティア（参加者）が飯舘村に二週間滞在し、村の方々と交流し、原発事故が及ぼした村への影響と再生へ向けた取り組みの現状を自分の目で見て、感じて、考えた。そして、自分は何ができるかを参加者自身が考え、話し合い、グループワークとして実施した。「風と土の家」を拠点に、二〇名（参加者一五名、スタッフ五名）が、二週間にわたり全村で活動した。二〇名はオーストラリア、チェコ、イタリア、イギリス、デンマーク、レバノン、インドネシア、スペイン、コロンビア、日本の一〇カ国の男女だった。

CISVは、Children's International Summer Villages の名前で始まった組織で、イギリスに本部を置き、平和で公正な世界の実現に貢献する地球市民を育成することを目標に、世界約六五カ国の国々で、一一歳以上全ての年齢の方々を対象にした国際教育プログラムと地域プロジェクトを実施している、多文化、多言語、多世代のボランティアが組織運営する世界でも珍しい民間非営利団体である。今回のプログラムはCISVのIPP（International People's

Project）という、一九歳以上の参加者が、地域の課題にその土地の人々、関係する団体と協力して取り組む教育プログラムとして実施された。

主催：公益社団法人ＣＩＳＶ日本協会関東支部
協力：特定非営利法人ふくしま再生の会、公益財団法人渥美国際交流財団ＳＧＲＡ、飯舘村
後援：文部科学省
助成：三菱ＵＦＪ国際財団、ＰＡＣＥ財団（アメリカ）

ＣＩＳＶの木村緑キャンプディレクターの報告（https://www.cisv.jp/blog/f71bcb93b8c）を示す。

今回のＩＰＰのテーマは「Stories of Fukushima, Exploring Stigma and Inspiring Actions」。世界から見る原発事故のあった福島のイメージと実際の福島県飯舘村はどうだろう。震災から八年の間には飯舘村にはいろいろな物語（ストーリー）がある、それを実際に世界からくる参加者に知って欲しいという思いがあった。

二週間のプログラムで、前半一週間は村内を回って現状を学び、盆踊りに参加して村の文化に触れ、参加者同士の Theme based activities（TBA）でお互いに学ぶ、後半はその上で参加者は自ら考えて活

動するという構成で臨んだ。そして前半と後半の間の週末には、飯舘村の村民宅に一泊二日のホームステイを組み入れた。通訳のボランティアと共に六つの家庭に分かれた参加者たちは、農作業を手伝い、バーベキューを楽しみながらも、各家庭の震災からこれまでの飯舘村への思い、子や孫への思い、農業や牧畜を再生する決意に触れ、とても深い交流ができたようだ。

後半は参加者主体の活動へ。参加者の心に強く響いたホームステイで出会った人々の思いをビデオインタビューで世界へ発信しよう、フェイスブックなどのSNSで村の人々の様子を発信しよう、地区の運営する新しい試みのキャンプサイトに村民と一緒に丸太でベンチを作ろう、と三つに分かれて始まった。タイトなスケジュールの中、夜遅くまで楽しくも真剣に取り組み、最後に開いた交流会ではビデオをお披露目することができた。フェイスブックでは「Stories of Iitate」として参加者が発信し始めている。ベンチにはCISVの名を刻んだ。

IPPは地域の課題に協力団体とともに取り組むというプログラムであるが、今回は飯舘村の人々と深く交流したことで地域の課題に参加者なりの活動で取り組んでいったと思う。そして参加者の心に「あのホームステイのお父さんお母さんのいる飯舘村」という具体的なイメージができたのではないか。このような交流が、福島の問題を他人事とせず、自分たちの問題でもあると考えるきっかけとなれば、とても嬉しい。

第七章

自然の中で人間の新しい生き方を創る

これまで第四章、五章、六章で紹介してきたような多くの活動を前進させ、原発事故からの生活・産業・心の再生をはかり、人が集まってくる魅力を創るために、そしてコロナ時代に新しい魅力的な生活のあり方を創造するために、私はこれまでの活動を内包して新しい戦略的なコンセプトを考えてきた。

地域活性化事業で未来を開く

飯舘村の自然と文化に触れる農業体験、農家民宿、村内ツアー、交流イベントなどを提供することで、来村者との交流機会を増やし、村に賑わいを創り、地域の活性化を目指してきた。

飯舘村は、今後も自然、文化、伝統料理など、人を惹きつける資源を活かし、来村者へ飯舘村ならでの魅力を提供し、今後の村づくりへの協力を呼びかけていく。佐須行政区などに、本事業の交流・体験・宿泊などで人が集まる場所を創ろうとしている。すでに建設した「風と土の家」は、仮設住宅として使っていたログハウスを再利用し、飯舘の自然に溶け込む宿泊棟である。この事業は二〇一八年度の農林水産省の農泊事業に採択されて実現したもので、応募書類の作成から採択後の報告まで担当してくれたのが大塚秀光さんだ。

飯舘村佐須行政区住民総会で、以下のような地域活性化事業を行うという画期的な決議が行われた。二〇一三年ごろからの計画推進の成果であった。

二〇一八年三月二五日

〈虎捕（とらとり）の郷（さと）〉スタート

この度、飯舘村佐須行政区の地域活性化のために、地域住民と村外の人が交流する〈虎捕の郷〉をスタートしたいと思います。本プロジェクトは、飯舘村の自然と文化に触れる農業体験、農家民宿、村内ツアー、交流イベントなどを提供することで、来村者との交流機会を増やし、村に賑わいを創り、地域の活性化を目指すものです。地域の皆さんの積極的な参加・協力・支援をお願いします。

■飯舘村ならではの魅力発信

飯舘村は、自然、文化、伝統料理など、人を惹きつける観光資源の宝庫です。この資源を活かし、来村者の方へ飯舘村ならではの魅力を提供し、今後の村つくりへの協力を呼びかけていく予定です。

■飯舘村佐須行政区に交流・体験・宿泊場所の整備

佐須行政区に、本事業の交流・体験・宿泊などで人が集まる場所をつくります。新設する宿泊棟は、

飯舘村佐須行政区　再生モデル事業

仮設住宅として使っていたログハウスを再利用し、飯舘の自然に溶け込むデザインを計画しています。また、旧佐須小学校・体育館の利用と活用、体験農場の整備を行い、飯舘村の入口に位置する交流の場所として来春にオープンする予定です。なおこの宿泊施設は、認定ＮＰＯ法人ふくしま再生の会の会員宿泊棟を兼ねています。

■検討会開催のお知らせ

地域住民と支援者有志で、宿泊運営／農業体験／農産物・加工品の開発／村内ツアー／などの作業部会を創り、内容の検討を進めていきたいと思います。

＊

農泊事業の現状報告と今後の作業方針

佐須行政区役員会　二〇一八年九月九日

二〇一八年三月二五日佐須行政区住民総会において、佐須行政区地域活性化協議会の結成と農泊事業応募が決議されました。それを受けて、東北農政局に対し三月末に応募書類の提出、六月二九日に計画書提出さらに交付申請書提出を経て、現在最終段階の交付決定通知が菅野宗夫協議会会長に届いております。九月半ばには事業開始の段取りが整います。事務局では、事業開始に向けてソフト事業・ハード事業の準備を行ってきました。以下のような作業チームを作り、以下のような取り組み内容を実行していきたいと思いますので、ご審議をお願いします。

九つの作業チームを作り、作業に取り組む

宿泊検討チーム／食事検討チーム／体験・交流検討チーム／村内ツアー検討チーム／広報・マーケッティング検討チーム／経営・運営検討チーム／農泊ハード事業計画・設計・施工検討チーム／会計処理チーム／コーディネーターチーム

事業実施体制

①成員：飯舘村、飯舘村佐須行政区・各班、佐須老人クラブ、飯舘消防団第一分団第九部、合同会社いいたて協働社、認定NPO法人ふくしま再生の会、NPO法人都市農村交流推進センター　②会長：菅野宗夫（佐須行政区長）　③副会長：佐藤公一（前佐須行政区長）　④顧問：菅野永徳（元佐須行政区長）　⑤プロジェクトマネージャー：田尾陽一（認定NPO法人ふくしま再生の会理事長）　⑥経理担当：矢野伊津子

このような経過で、佐須地域に「風と土の家」が建設され、順調に宿泊と活動が始まっている。コロナの影響で一時休止はしているが、六月一九日から再開し、その隣に一〇〇平米の広さの「交流の家」（仮称）が建設され、二〇二〇年一〇月四日の稲刈りに合わせて竣工式が盛大

に行われた。これらの一連の経過と会の全体の活動の姿は、プロカメラマンの石川哲さんや素人の私が撮影し、ＹＯＵＴＵＢＥに「動画アーカイブふくしま再生の会」として公開している。
これらの施設は、農泊事業の交付金以外はすべて全国から私たちふくしま再生の会に寄せられた寄付金で建設された。特に、「風と土の家」の入り口に小さな銘板が張り付けられている。清水韶光君は、私の大学一年からの親友であり，ＫＥＫ名誉教授であった。

顕彰記念　故清水韶光（物理学者、一九四二〜二〇一五）
氏は村民が行う放射線測定と高エネルギー加速器研究機構（ＫＥＫ）の協力関係に大きく貢献されました。また「風と土の家」「交流の家」の建設費の多くは、氏が認定ＮＰＯ法人ふくしま再生の会に遺贈された基金によるものです。氏の貢献に謝意を表します。

風と土の家

†現代アートが、飯舘村の再生に協働する

新潟県の越後妻有地域や瀬戸内などで、地域と人間のつながりを取り戻す試みを継続している北川フラムさんとアーティストたちが、飯舘村の再生に協働しようと二回のツアーを組織し、それ

をきっかけに、個別にも来村している。アーティストたちは、この原発被害地の大地と人間にどう関わり、どう乗り越えていくのか、今後の協働に期待している。

私が昔やっていた自然科学は、その観測対象の分析を数字やデータで表現し他者に理解してもらおうとする。アーティストは、自分の感性と技術で対象を表現し、鑑賞者・サポーターの感性に訴えかける。飯舘村の現状況はどうなっているのか？　測定データや技術情報のやり取りのみで再生への道を歩めるか？　自然と人間の共生する生活は、理性と感性が総合された空間である。飯舘村の再生の過程で、私たちはこれらを総合して進まなければならないだろう。

ふくしま再生の会では「現地で、継続的に、協働して、事実を基に」をモットーに一〇年間活動を続けてきた。事故から年月が経過しつつある現在、村民が受けてきた困難とその原因となった原発事故の事実を、多くの人々が共有できる形で表し残していくことが重要である。また再生を目指した歩みを後押しするために、多くの人に「日本で最も美しい村」のひとつである飯舘村、そこで営まれてきた山の恵みと田畑の実りが循環する生活を見て、触って、感じてもらう必要がある。

ふくしま再生の会が、放射能や放射線測定、農業の再生、健康医療ケアという具体的な活動に加えて、現代アートプロジェクトと協働しようとする基本的な考えはここにある。

私が現代アートに期待する基本コンセプト

・自然と折り合いながら生きてきた土地と生活の記憶を、事故後の景観の中に表現する。
・阿武隈山系山中郷の歴史と文化と景観を表現する。
・原発事故と全村避難の苦しみを乗り越えて、日常の語らいや集い、ワイワイガヤガヤと遊び・つくり・演ずる非日常的な祭りの両面を備えた核になる空間を作り出す。
・土・石・木などを利用する空間を設定する。
・地産の素材やテーマに関わる作品の制作場所を村内各所に設定する。
・原発被害地の基礎として、放射能・放射線測定を並行して行い活動者・来村者に提示する。
・地域住民が主体となりこれを推進することが重要である。ふくしま再生の会とアーティストはこれと協働し支えていく。

飯舘村のアートプロジェクトの立ち上げがはじまった。二〇一九年五月一九日に、全国より北川フラムさんが率いる総勢一九名が福島駅に到着し、私がナビゲートするマイクロバスで飯舘村へ向かった。最初にバスを止めたのは佐須峠の中腹、私が飯舘村の被害状況、高圧電線がこの目の前を東京のために通過する話を語り、飯舘村は景観こそ価値がありそれを守りたいと話し視察ツアーがスタートした。

†北川フラム氏とアーティストとの飯舘村視察ツアー

私のガイドでツアー出発。佐須峠、ふくしま再生の会飯舘事務所、綿津見神社の多田宏宮司の話、飯舘村役場、唯一の帰還困難地域長泥ゲートなどをめぐり、佐須地域の旧佐須小学校で村民との懇談会を行った。さらに村をめぐった後、佐須公民館で村民とアーティストによる座談会がはじまった。佐須行政区長の菅野宗夫さんが、「自然の恵みがある地区が被害を被った、そして自然の恵みがあるから都会がある」という挨拶を口火に、ぽつりぽつりと話が交わされ始めた。

フラムさんは人の話を傾聴するとき下を向く姿が印象的

北川フラムさんが語り出した。

「田尾さんと二年前から飯舘村をアートの力で再生できないかと話してきた。昨年は、バスを仕立て一泊二日で大地の芸術祭（新潟越後妻有）を飯舘村の人々に見てもらった。今回は作家をはじめ一五人を超える人が集まり感謝している。本日の飯舘村見聞後六月には、アーティストに集まってもらい今後の進め方を話し合える機会を開く。

さらに、国や行政は津波で家族や身内を亡くした人をまとめて支援しようとする。被害者は一人ひとり想いが異なる。アーティストも一人ひとりに寄り添うようなことができなければ、被災した人の心は癒やされない。

石巻や新潟の大地の芸術祭のつながりで複数のサポート活動を行って来た。たとえば柏崎刈羽原子力発電所では、震災の後、東京電力の末端労働者の子弟たちが表には出ることがない凄まじいイジメを受けており、彼らを救済する活動を行っていた。

また、津波の爪痕を残そうとする学校保存の活動は難航している。多くの児童が亡くなった大川小学校と門脇小学校は対照的で、複雑な親の心境がある中で合意形成を取ることは極めて難しい。石巻の海岸地区では、津波で多くの人が命を落としたが、やはり海と生きていくという彼らに瀬戸内芸術祭で基調とする海との関わりについて話した。アートの力で人に生きる勇気を与えていることが垣間見えた」。

村民／アーティスト座談会

北川フラム氏

筆者

私はアーティストに語った。

「再生の会では「現地で継続的に協働して事実を基に」をモットーに八年間活動を続けてきた。事故から年月が経過しつつある現在、村の方々の受けてこられた困難、その原因となった原発事故の影響を多くの人々が共有できる形で表していくことが重要だと考えている。また再生を目指した歩みを後押しするために、多くの方に「日本で最も美しい村」のひとつである飯舘村、そこで営まれてきた山の恵みと田畑の実りが循環する生活を理解してもらう必要があると考えている。

放射能や放射線測定、農業の再生、健康医療ケアという具体的な活動に加えてアートプロジェクトに取り組もうとする基本的な考えはここにある。ふくしま再生の活動も、何かをやるとあらかじめ決めて進めてきたわけではない。支援者という立場でもなく、現地で、協働して、継続して活動するという原則を決めているだけだ。換言すれば、やりたい人がやるというこの指止まれ方式である。チームがたくさんできてしまうが、会員が三〇〇人を下回らず継続する状態にある」——このように、いつも何をやろうかとみんなが考えて進んでいる、ふくしま再生の会のユニークな活動の進め方を説明した。

村の若手村会議員の佐藤健太さん。原発事故で一気に課題が表面化したが、日本には同じ課題を持った地区も多いはず。ただ、自ら動いていかないと村は終わってしまう。商工会青年部も積極的に本プロジェクトに関わっていきたいと話した。

松塚の畜産業の跡取り山田豊さんは、昨年大地の芸術祭の視察に同行した。妻有という厳しいところでも輝く笑顔で働くお母さんたちを見て感動した。この村でも少しの可能性があるのなら積極的に協力したいと述べた。

小林美恵子さんは、若いアーティストに向かって、「飯舘村に来るのに不安はなかったの?」と尋ねる。「私もがんばろうと思うけど怖い話を聞くとしょんぼりとする。だから、再生の会の人とか皆さんと合流し勉強したいと思ってここに来た」と笑顔で話す。

作家、開発好明さんは三月一一日以降、仮設住宅などで暮らされているさまざまな世代の方々の食べ物や遊びなどの昔話をうかがい、青森から福島にかけての湾岸地域の言葉の変化、方言を記録し、それをマップ上で誰でも閲覧できる図書館を後世に残すプロジェクトを進めている。「震災による津波で被災した街とは異なり外見的にはなんの被害もないこの地が六年間も全村避難したことは重い」と話した。

多摩美術大学の日本画教授でもある岡村桂三郎氏は、「飯舘村は人と自然のバランスが素晴

佐藤健太さん

山田豊さん

小林美恵子さん

開発好明さん

岡村桂三郎さん

菅野永徳さん

佐藤公一さん

菅野啓一さん

らしいと思うが、飯舘村にはやはり構えて入村した。放射能という見えない不安があったからだが、線量計を貸し出してもらって不安解消につながった。なにか力になりたい」と話した。村民側からもアーティストに向かってそれぞれのメッセージを送った。

†コロナ時代における芸術祭の模索

飯舘村の現代アートプロジェクトを準備している最中に、全世界がコロナの来襲に見舞われてしまった。コロナの影響は、アーティストにとって深刻である。全世界からアーティスト・サポーター・鑑賞者が集まる芸術祭は、軒並み延期となっている。地域おこしの有力な取り組みであり、現代アートに多大な影響を与えてきた芸術祭は、コロナ時代に大きくその形を変えなくてはならない事態に陥っている。ピンチをチャンスに変えて、現代アートが大きく変容しながら前進できるかの正念場となっている。

二〇二〇年春から、北川フラムさんと私は、オンライン定期会合を継続し、この点の討議を繰り返してきた。その結論は、原発事故とコロナ来襲のダブルパンチを受けている飯舘村こそ、二一世紀の新しい生き方を提示できるモデル地域の一つかもしれないということである。そこで、二〇二〇年八月二日に以下のコンファランスを、ふくしま再生の会とアートフロントギャラリーの共催で、それぞれの関係者に呼びかけて開催した。一三〇名の方が参加してくれた。

「二一世紀の新しい生き方を見つけよう——飯舘村からの問い」
オンラインオープンコンファランス
　司会　田尾陽一
　コメンテーター　北川フラム

討論内容（以下の言葉を手掛かりに、自由討論）
飯舘村のイメージ（あなたは飯舘村にどんなイメージを持っていますか）
原発事故前：自立して、住民中心に、ゆっくりと（までいに）美しい自然と共生していた村
原発事故後：原発事故で心ならずも被害地になってしまった村
　　放射能・放射線がまだ残っている危険な村
　　二〇％くらいの高齢村民しか帰村していない、若手世代が戻っていない寂しい村

主産業の農林畜産業が回復していない村

村面積の七五％を占める森林の再生が手つかずの村

だからこそ・これからは…

帰村への希望が湧く村、移住したい・滞在したい気持ちが湧き上がる村をつくりたい

小さな共同体から社会を作り直す。小さな共同体の中から世界に発信する

自分で考え頑張れば理解できる範囲の明快な社会、自分たちの力で良くできる可能性を持つ小さなコミュニティ社会の維持

人の交流が活発になり、人間関係を明るくオープンにしていく。祭りや、カフェ、談話会などを継続し、人の輪を広げていく

自然に内包され、美しい環境を守り、丁寧な生活を営む人々を大切にする。

人々の生業と生きがいを維持する小さな共同体を大切にする

自然と人間の共生する村に戻す

新しい生き方を求める人が集まってくる村にする

科学と技術を本来の自然から謙虚に学ぶものに発展させる村

自然と人間の関係を見つめ表現する芸術が内包されている村

自然と人間の歴史と文化を大切にする村

飯舘村に住む、滞在する（あなたはどんな形で、飯舘村滞在したいですか）

全寮制の農業・林業高校（ジュニアシェアハウス）に入りたい

大学・専門学校の実習場所、専門学科があればいい
大学院の研究をする場所と環境が欲しい
勤務先企業がリモートオフィス、社員の在宅勤務住居を造ったら、応募する
村内に仕事があれば、就職して移住する
リタイア世代では、移住住宅、シニアシェアハウスに入りたい。終の棲家にしたい

安全・安心の村にする活動（あなたはどんなことに貢献できますか）
放射線・放射能を継続計測し、人や自然への影響を看視・観測し続ける
訪問医療・訪問看護・訪問ケア・見守り・看取りが行き届いている村にする
コロナ対策が行き届いている村にする
交通事故のない村にする
救急・救命システムが完備している村にする

食糧やエネルギーを自給できる美しい村にする活動（あなたは何をやりたいですか）
山林と田畑を、より安全にする努力とともに、新しいやり方の工夫を重ねて再生していく
先進農家へ住み込みで働きたい。ブドウ畑や漆畠作業に参加したい
土地利用をオープンに村内外の人たちが参加して、多くの農産物を生産する仕組みをつくりたい
共同農場・牧場を作りたい。特産品開発や加工に参加したい
山林の系統的観測を続け、山林再生を多くの人が参加して実施していく
森林再生技術者になりたい、猟師になりたい

歴史文化を守るには、もっと美しい村にする、電線のない村にする、野草や花を大切にする、景観を守る、昔からの遺跡や祠などを守る

長泥地区から東南に広がる帰還困難地域での活動（この田尾私案は古くて新しい）

閉鎖地域の自然環境を長期的に観測することは世界的な課題、世界の研究者・調査者を受け入れるセンター設立構想が必要

さまざまな議論がなされ、私と北川フラムさんは、皆さんにアーティストやサポーターとして、今後もさまざまな形で飯舘村におけるアートの活動に関わってくれるように呼びかけた。

地域を主役に、自然と人間が共生する社会へ

福島原発事故被害地の問題は、根本的には二一世紀の日本・世界の人間が自然とのかかわりをどう考えるかということである。現在の文明を支える精神の根源的な見直しにつながっている。二〇一一年六月のふくしま再生の会発足の計画書に、私たちは次のように書いた（第三章）。

「私たちはこの二一世紀初頭に、大自然の大きな力の前に人間が翻弄され、さらに安易に自然をコントロールできるという慢心の上に敗北した原発事故と言う三重苦の福島地域において、自然の力の前に謙虚に学びつつ長期間にわたり、自然を構成する空気・土・水・海・植物・動物そして人間の営みの本来の姿を復活させていかなければならないと思います。

そのためには、被災を自分のものとして自立的に考える諸個人・諸国民、農林水産・牧畜などの知恵を持つ人々、自然を観察し分析するさまざまな技術を持つ人々が集まり、被災住民とともに学びつつ、本来の自然とそれらと共生する人間の生活を復活させる必要があります」

そして私たちは、飯舘村に活動の拠点を設け、被災村民の方々と共に知恵を出し合いながら

再生へ向けた各種の多彩なプロジェクトを推進してきた（第四章、第五章、第六章）。

ふくしま再生の会はこれまでに、東京都、福島市、伊達市霊山町、飯舘村佐須滑に活動拠点を設置し、約三〇〇名の被害住民・ボランティア・専門家からなる会員と大学・研究所の協力を得て、飯舘村の佐須地区、前田地区、比曽地区、小宮地区、松塚地区など村内各所で、土・大気・植物・動物・魚などの放射線・放射能の測定と除染方法の開発、農林畜産業の再生、被害者の健康医療ケアの試み、世界への情報発信など、多彩な活動を展開してきた。

†飯舘村を再生する意味

飯舘村は、日本で最も美しい村の一つとして、「までいの村つくり」を全村あげて推進してきたことで知られている。日本の典型的な山村で、林業、牧畜・酪農、農業を組み合わせた循環型の産業を振興しながら、この地に根づく伝統・文化を発展させていくことの意義は、飯舘村のためにとどまらず、福島、日本そして世界の今後にとって計り知れない意味がある。近代化がさらに進む二一世紀社会における意義として重要である。現在世界各国で語られる近代化の社会目標は、経済成長・科学技術振興という二つの言葉一色になっている。これらを各国が競って追求するその先に待っているのは、直感的には文明の崩壊ではないだろうか。

コロナの来襲は、このことを予感させる。今や緊急に、新しい社会目標の再構築が必要である。そのことは、二一世紀初頭に最悪の原発事故を引き起こしたこの日本から始めなければならない。それは、「までいの村つくり」に体現される自然と共存した丁寧な生活形態の創造だと確信する。福島・飯舘村は、自然と人間が共生するという価値観が残っており、それを残し発展させようと試みる人たちが存在している。原発事故はその試みを破壊した。しかし、完全に破壊されたと諦めることはできない。諦めきれない人たちが、村の中にも周辺にも都会の人たちの中にも存在している。

しかもこの課題は、現代の社会システム改革の最前線であると言える。現代社会は、東京も大阪も、ソウルも北京も、ニューヨークもモスクワもパリもロンドンも、そして開発途上国も、食糧問題・エネルギー問題・高齢化問題の三つに直面している。これらの解決策の試みの最前線に飯舘村がある。最も先進的な試みの最前線と言える。これをもともと遅れた地域、被災して危険なので放棄する地域、投資対効果のない地域と現地も見ずに言い放つ人も多くいるが、これらは人間の営みの基本を理解できない人々だと思う。私たちは、飯舘村の生活再生・産業再生が失敗した場合の、社会的な負の影響を考えていくべきだろう。飯舘村の再生は、日本・世界の未来に向けて積極的な意味があることを確認したい。

二〇一七年三月の避難指示解除後も、帰村する人は高齢者中心で少数である。また、帰村しないことを選んだ村民にも、新しい生活を切り拓く厳しい現実がある。しかし、絶望して、全てを捨て去ることはできない。あきらめきれない村民有志は、私たちふくしま再生の会のボランティアや大学・専門機関の有志研究者の協働のもとに、各種の試みを続けている。その中から、農業・畜産業・林業・工業・文化などを組み合わせた生活のあり方を創出できるかが、今後のカギとなるだろう。さらに、安全な生産物の販売ネットワーク・都市農村交流ネットワークなどを並行して構築する努力を行い、過酷な被害を乗り越える逆転の発想を産み出せるかが問われている。

これらに対し、従来の発想にとらわれた政治家・政府・企業・学者などでは、乗り越えられないと考えられる。組織に属していても従来の組織の壁を乗り越え、既存の概念を打ち破って、これらの困難な課題に挑戦する人々を結集し、人材を産み出していかなければ、二一世紀の日本さらに世界はないと言えるだろう。

「人間には理性があり、自然は人間が利用する素材である」「人間は自然を制御できる」という考えは、近代文明の思い上がりだろう。原発関係者は、彼らにとって「想定外」の地震・津波によって彼らが信仰していた「絶対安全」システムの崩壊・メルトダウンを思い知らされたのだ。新型コロナウイルスは、市場経済の発展という名目で自然資源を収奪し、動植物のテリトリーを侵す開発の結果、感染症専門家さえも「想定外」の事態になっている。これらは上から目線で自然をコントロールできるとうぬぼれていた人間への自然界からの警告なのではないか？

†新型コロナウイルス襲来の意味

今日の新型コロナウイルス大騒動も、自然を利用の対象としてしか見ていない、自然の破壊を進歩の必然的な代償として容認する現代文明の結果だと思う。武漢でなぜコロナウイルスが発生したか、その原因を国際協力で科学的に解明すれば、私たち現代文明下で生きる人間が、自然の中でどんな存在なのかが明らかになると思う。国は違っても共に地球上で暮らす人間が、間違えておびき寄せたかもしれないコロナウイルスの原因をオープンに究明する必要がある。しかし現在、巨額な賠償要求を中国に突き付けることを煽っている愚かな国家指導者がいる。

第二次世界大戦後、日本の国際社会復帰を議論したサンフランシスコ講和会議で、戦争を主導した日本に対する各国の巨額賠償要求を抑えて、むしろ「日本の復帰を援助することが世界の平和に役立つ」と演説し、戦勝国に多大な影響を与えたスリランカ（当時セイロン）の大蔵大臣（後の大統領）J・R・ジャヤワルダナ氏のことを、私は思い出す。コロナウイルスによる世界的大混乱の最中だからこそ、世界の混乱と対立を防ぎ人類が協働で乗り越えることを説得できる能力と思想を持つことを、現代の日本の政治家・官僚・専門家に期待したいのだが、やはり無理だろうか？　そして日本の多くの人が、東京中心の一極集中政策を採ることの危険性を再度認識することを期待したいのだが、やはり無理だろうか？　東京に電力を集中するために、危険な原発を福島や新潟に作り、福島原発事故という人災を起こしてしまったにもかかわらず、それを反省する思考も働かず、従来の延長政策をだらだらと続けることを容認してきたことは、多くの国民の責任なのだと思う。

そこへ現代文明の弱点を突くように世界にウイルスの蔓延が起こった。原発被害は福島にある程度限られていたわけだが、コロナウイルスは日本全国・世界全体を被害地にしている。原発事故とウイルス感染の安全度では、東京と福島、都市と地方の逆転が起こっている。東京から支援や交流に福島に来る人々に危険だから来ないでほしいとは何たる皮肉な現象か？

数年でコロナ騒動が終息したとしても、食糧確保の不安、エネルギー確保の不安定、健康医療体制への不安、人間の過密への不安、雇用不安定が続くだろう。原発事故後、意識的に先取りするべきであった人々の都市から地方・農村へ向かう流れが、コロナとともにようやく始まる予感がする。

†腰を据えて活動の未来像を考えよう

私たちふくしま再生の会は、いろいろな考えの人の自由な集まりだが、原発の被害を受けた大地と人間の営みを再生したいという点では一致している。

そのため長年にわたり空間放射線量、土壌・空気・水そして多くの動植物の放射能量を、村民・ボランティア・専門家の協働で継続的に測り続けてきた。豊かな大地とそこで生きる動植物、そして人間もその一部である自然環境全体に、原発事故がもたらした影響を継続して調べ続けてきた。

その上に、農業、林業、畜産業の再生を支援し、生活・コミュニティの再生を支援してきた。別の言い方では、飯舘村の自立に重要な「食と燃料と健康医療ケア」について協働作業を持続してきたわけである。

近年は、都市の人たちの参加・交流の流れをさらに創るプロジェクト、そのための宿泊施設「風と土の家」の建設運営、さらに海外の人たちやアーティスト・デザイナーのツアーも受け入れている。

私は、原発事故から足掛け一〇年の現在、これまでの活動を集約し、次の一〇年に向けて活動のコンセプトをまとめ上げようと考えてきた。そこに、コロナが押し寄せてきたわけである。コロナ後の活動を見通して、今私たちは腰を据えて活動の未来像を、核になる視点・方向を見据えなければならないと思っている。

†自然の中で、人間の新しい生き方のモデルをつくろう

私たちは、自然の中で再度生きようとする飯舘村の人たちと協働して、新しい時代にふさわしい、新しい生き方を提示できる村づくりの創造を企画し、提案したいと思う。都会に根差し生活や仕事を作ってきた人が大多数の時代だから、ことはそんなに簡単ではない。小さな村でもその流れを創る道を歩みだそうということである。

遠くからその志向に共感し援助してくれる人、ときどき村を訪れる人、活動に参加する人、村にある期間滞在しいろいろな過ごし方を楽しむ人、都会では確保できない空間を制作場所や練習場所にする人、本格的に移住して何かを制作したり、農業・林業・畜産をやったり、遠隔でできる事務所を村に作る人、研究室を村内に作る人……各分野の活動を相互に繋げて乗り越えていくプロジェクト、コロナ後の時代を生き抜く生活様式を創出するプロジェクト、各活動をさらに生き生きと表現するプロジェクト、村内外の若手世代が主役になるプロジェクトなどを、みんなで考え試行し実践していく場所にしたいと思っている。

なぜ飯舘村か。どんな暮らしのイメージを想定するか。それは誰にとって良いことなのか？

事故前は人口六〇〇〇人、避難指示解除から二年たった現在の帰村者は一四〇〇人と言われている。ほとんどが七〇歳以上の高齢者である。五年後の二〇二五年に、この人口が楽観的に

考えて三〇〇〇人になったとする。事故前は予算規模三〇億円ぐらいの村が、事故後政府直轄領となり二〇〇億円ぐらいまで財政規模が拡大している。五年後には、政府支援は終息し、人口からいっても予算規模は一五億円、ほとんど税金を払う人はなく、医療・介護費が大きくのしかかるだろう。そのような村を自立して存在させることができるかどうか、現在この見通しと施策が問われている。

私は、飯舘村の存続に大きな意味があると考え、移住してきた者である。隣の町と合併し、その山間部の一支所として存続するというなら住む意味はないだろう。このような小さな山村が自立して存続する方策を見出すことこそ、自然と人間の共生の基礎であり、二一世紀のフィロソフィーになると確信しているからである。

原発事故被害地域の再生は、これまでのやり方では難しい。

まず、日本の原子力政策・原子力発電を推進する関係者全体が、その利益共同体を守るために、安全を絶対視することが体質化していた。政府・行政・専門家自身が想定不可能な放射能・放射線事故だったために、まず彼らの思考がメルトダウンしてしまったこと。そのための方針不在、行政組織の混乱、情報の混乱で、住民に混乱・恐怖・不安を招き、現在も継続していること。長期間の全住民避難のため、コミュニティが崩壊し、地域・集団の組織性、指導性が弱体化したこと——これらが地域の再生を困難にしている。

また、もともと日本の農村構造は、国の金で下請け組織化された行政区という末端組織（集落）が地域をまとめる核であること。いまだ農家への税制などに裏打ちされた古い因習に縛られており、その戸主（ほとんど男）が決定に参加する仕組みで、生活再生などの中核である女性たちが意思決定の外にある。自発的有志の活動組織が創られても弱い。外部のNPOなど支援組織と協働する資質が指導層に少ない。

これらの困難と直に向き合い、支援・非支援の壁を取り払いながら、再生活動を長期に続ける必要があるが、それは地域社会のしくみ改革を伴うという困難がある。

ふくしま再生の会は、放射能・放射線のレベルを長期に看視して、安全レベルを住民目線で確認しながら、事実に基づいて活動してきた。このような考え方を理解できない住民も多い。これからは、しなやかな感性を持った地域内外の若手戦力を結集して魅力あるプロジェクトを立ち上げることを意識的に目指している。いわば二一世紀型の地域再生運動であろう。

†NPOふくしま再生の会の持続力はどこから？

いわゆる世のため他人（ひと）のためのボランティア精神はベースとして大事だが、それだけでは長続きしない。自分が得るものが大事になってくる。農業を手伝うと面白い、牧場で作業するのが楽しい、花作りは面白そう……さらに、個人と組織の新しい関係が面白い、自由と協働の両立、独創力の発揮・興味を満たす・面白さと継続性……そうしたものが必要である。しかしそれだけでは不十分である。新しい人間関係と新しい協働関係が必要であろう。

現地農民のコミュニティ全体と関係を創ることは容易ではない。村役場との従来型の関係では住民目線にならない。新しい人間関係と未経験の協働内容は、都会人の満足感を継続させる。異論を許す公共空間が持続的に形成されることが必要である。こういう新しいＮＰＯの存在意義や活動目的を理解する行政・企業・支援組織、組織の中でも意志を持って、思考（試行）し続ける人たちとは協調関係が成り立っていく。

†二項対立の原理主義は地域を再生できない

一方、原発被害地域を危険視して見捨てる、他の場所に移住するという考えは、地域分断と消滅につながるものである。官民など既得権益集団内での忖度で、安全だ、帰還促進だとする政策も地域を分断する。絶対安全か絶対危険か、右か左か、保守かリベラルかなど一次元上の二項対立概念は地域を再生できない。人間を内包する自然は、一次元ではなく多次元で複雑である。二一世紀の私たちの思考は、もっと別の次元で展開されるだろう。複雑で多様なしかも相互関係が絡み合うこれらの困難と直に向き合い、地域の構造も徐々に改革しながら、支援・非支援の壁を取り払いながら、再生活動を長期に続ける必要がある。ふくしま再生の会は、放射能・放射線のレベルを長期に監視して、安全レベルを住民目線で確認しながら、事実に基づいて活動する。しなやかな感性を持った地域内外の若手の魅力あるプロジェクトを立ち上げる。

第四章の冒頭に、私はこの再生の「仕事」を試行錯誤で始めてしまったと書いた。

この「仕事」とは何なのか？

この一〇年間その「仕事」に専従してきた私は、いつもこの疑問に向き合ってきた。そんなある日、ハンナ・アーレントのいくつかの言葉にぶつかり、これを勝手に次のように解釈して励まされた。「仕事」とは、彼女の定義している「活動」のことなのだ。

アーレントはおおむね、以下のように言っている（私はそのように解釈している）。

「現場で科学的な事実を基に、創造的で未来志向の活動、個人の自立的活動、個人どうしが集まる本物の公共空間を創り出す活動を、協働して持続的に進める活動（activity）が、現代社会で極めて重要なのだ。この活動の中でこそ現代人は思考停止を免れるのだと。この活動には、生産活動（labor）・制作活動（work）・協働活動（action）の要素がある。

賃労働者や農民の生産労働はこの活動の大きな部分ではあるが、全部ではない。アーティストや科学者やボランティアや個人の行為も活動の大きな部分を担っている。「公共空間」というのは従来にないものであり、これらの人々が互いに刺激し合いながら協働して作り上げるものである。決して従来型の行政が公共ではないし、まして国家が公共などということはない。

本物の公共空間創造と協働行動こそ、悪しき全体主義・官僚主義を防ぐために必須である」

私たち福島に関わる者にとって、生産活動は農業・畜産業・林業などであり、制作活動は祭・太鼓・アート・新しいイベントプロデュースなどであり、協働活動はコミュニティつくり・草刈り・田植えと稲刈り・芋煮会などだ。

当初から、ふくしま再生の会の行動指針を「現地で／継続して／協働して／事実を基にして」とし、組織原則を「新しい公共空間の創造」「自立して思考する諸個人の集まり」だと言ってきたことは正しかったのだ。

また最近、マルクス・ガブリエルと中島隆博による『全体主義の克服』（集英社新書）をたまたま読んだ。彼らは興味深いことを論じている。

ガブリエルは今、ボン大学で「既存の学問分野に基いた分業を、「生活と健康」「モデルと現実」「個人、制度、社会」といった普遍的な課題を扱う学際的な研究領域におきかえる」という大学改革を提案しているとのこと。一九六八・六九年の東大闘争の原点を引きずって、現在飯舘村で既存の総合大学が普遍的な課題を扱えないならNPOでやろうと思ってきた私は、実現可能性は知らないが、ガブリエルの考えは良い方向だと思う。

中島隆博はこう言う。「今日、わたしたちはよりましな世界に生きているのだろうか。新型コロナウイルスが明らかにしたことは、これまで気づかれていた弊害（格差、貧困、差別、非倫理的な大量消費、制度疲労、神話化された科学主義など）が噴出しそれらへの真剣な手当てが求められているということだ。（中略）今こそ、新しい哲学の役立ち方を考えてみよう。それは、批判の力を通じて、全体主義に代わる万人の連帯のための手がかりを示すはずである」。

福島原発事故により世に暴露されてしまった弊害を視察に、二〇一六年に飯舘村を訪れた中島隆博さんを案内した私は、その後彼の主催する東京大学ＩＨＳプログラムで二コマの授業を頼まれた（第6章参照）。この二人の哲学的対話が、現在世の脚光を浴びているが、これが現実を動かす力になることを祈っている。

†若者グループの盛り上がり

二〇二〇年六月、コロナの中休み中に二〇代、三〇代の若者たちが、飯舘村の私の家に集まり始めた。そこで村内を案内したり、私の膨大な記録を閲覧したり、今ある飯舘村の課題を議論したりしているうちに、彼らはすぐ若者中心のワークショップをやりたいと言い出した。ふくしま再生の会の一〇年の実績を踏まえるにしても、それに縛られずに相対独立に若者主体の自由なワークショップをやってみたいという発想は、再生の会の原点からいっても魅力的だと私は考えた。さっそく七月八日には、若者らしいスピードでＺＯＯＭを使ったオンラインワークショップが、一四名が参加して開かれた。八月九日にも二回目が開かれてさらにメンバーが拡大した。

第三回は草野小学校で、村内外の一八歳から四四歳までの三〇名近くが参加し、オンラインとリアルの併用会議となった。自分たちが思う社会や世界の姿の理想↓多様性のある世界とか、理想のために飯舘村で果たしたい使命↓までいな村とか、使命を遂行するための具体的な活動↓山の再生、交流事業、歴史文化再発見、などが議論された。さらに、活動する際の一人ひとりの行動指針↓やわらかく考える、まず動いてみる、という順で議論が進み、参加者に共通のイメージが共有されていった。

現在、それぞれの参加者が、自分の立場――帰村した人、未だ帰村できない人、すでに移住した人、これから移住しようとしている人、村外から応援したい人――を踏まえて、具体的なプランを考えており、それを纏める作業が進んでいる。例えば、人や宿泊施設や歴史・文化スポットのつながりをマッチングする仕組みづくり、村内のチャレンジしている人のドキュメントを創るプロジェクトなど多くのアイデアが詰められている。

独自の歴史・文化・地理を持つ飯舘村が、原発事故による放射能被害を受けた。この環境下で、食料・エネルギー・健康医療の三領域で自立する力をつけなければならない。それには、科学・技術・人文科学、そして自然と人間の共生を目指す現代アートなどが必要である。そこで「新時代の自然と人間の共生のあり方とは――原点回帰と新発想」をベースに、新プロジェクトを自力で切り拓く若者が必要とされている。

話せば夢は広がるが、実行には多大なエネルギーが要る。既存の古い考えに囚われた人たちに、忖度する時間はない。若者よ！　大志をいだき集まれ！　飯舘村の若いプロジェクトに！

†阿武隈ロマンチック街道再生構想

以下は、私が今考えている、飯舘村から発信しようとしている新しい計画である。

阿武隈ロマンチック街道とは国道三九九号線の通称である。それは、飯舘村を起点に長泥地区から浪江町津島地区、葛尾村、田村市都路地区、川内村までの阿武隈山系の山並みの上を結んでいる。これら五つの市町村で、原発事故前からあぶくまロマンチック街道構想推進協議会が結成され、福島県相双建設事務所が推進してきた。阿武隈山系の山並みに共通する文化・食生活・星空の美しさをアピールしようという運動である。

これが二〇一一年三月の福島第一原子力発電所事故により、ルートの大部分が帰還困難地域となってしまった。現在は、飯舘村長泥地区と浪江町津島地区の約一〇キロが、通過困難になっている。二〇二三年までに長泥地区の解除が約束されているが、津島地区は現在までに見通しが立っていない。この約一〇キロの道路を解除するには、それほどの経費が掛かるとは思われない。通過ルートを確保し、人や物資の移動を確保するところから、帰還困難地域の避難指示解除が進むと考えられる。国道三九九号の通行を可能にすることは、今後何十年にわたるかもしれない帰還困難地域の解消に向けて、象徴的な意味がある。同時に、数十年という長期にわたり、人が住めず自然環境が放置される広大な山林と人里が、日本列島に存在することになる。

私は、阿武隈ロマンチック街道の導線沿いに、古来、山の民が形成してきた食文化・生活道具文化・自然の観察と崇拝の精神文化を持続する「拠点」を点在させていきたい。同時に、このルートから沿岸部までの地域で二〇世紀の人間が起こした大事故の影響を、日本・世界の人間が認識できる場としたい。さらに、自然環境に対し放射能や人がいないことの影響がどうなるのか、その変化を観察・調査・研究する国際自然科学研究センターの設立が必要である。飯舘村などが周辺市町村と協力して、飯舘村長泥などに設置していく計画を創れば、大きな意味が出てくる。これらの機能は福島の森林再生事業にも繋がっていくであろう。

帰還困難地域全体を、自然観測・再生活動の拠点として整備する必要があるかもしれない。運営は、民間のNPO的なものが担い、世界の人が参画できるものにする。国立公園などではなく、世界が協力し、県と市町村が連携した特区として国際自然・生活再生園として管理していく。

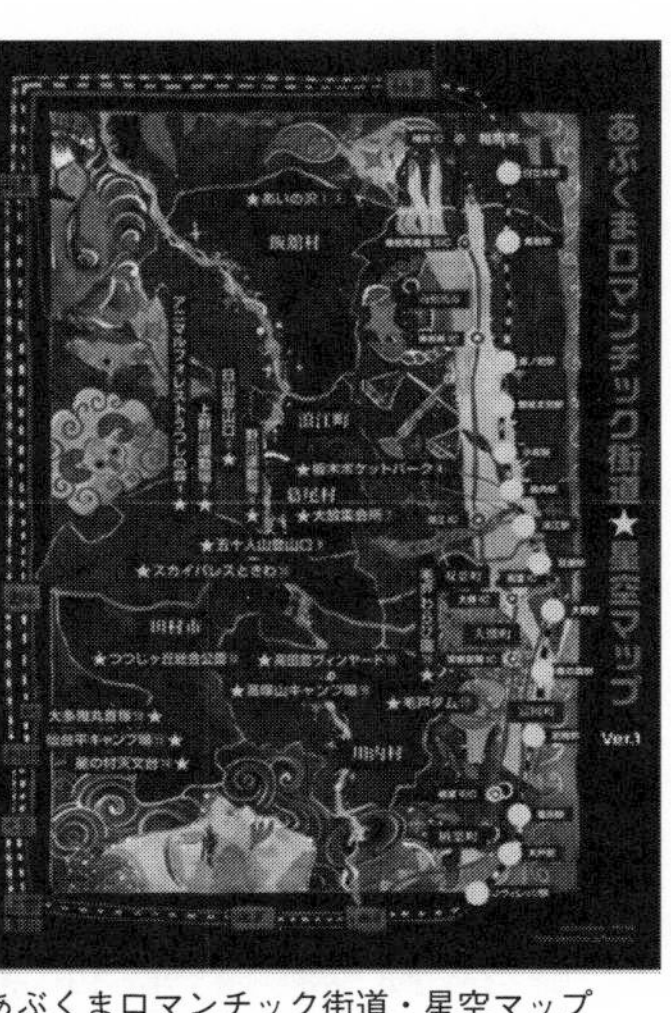

あぶくまロマンチック街道・星空マップ

阿武隈ロマンチック街道の再生は、二〇二二年に予定されている飯舘村長泥の避難解除とともに、国道三九九号、浪江町津島地区部分の約五〜七キロの除染を行い通行可能にすることから始まる。除染にそれほどの経費が掛かるとは思えない。通行が可能になり、世界の科学者や関係者のアプローチ道路となり、古来の山の民の往来や魅力にひかれて全国、全世界から集まる人々にその魅力的な食物や風景、星空の鑑賞などを提供していく過程で、物心ともに真の再生への道が開かれていくだろう。

未来イメージへ前進しつつ現実の厳しさの中にいる私が、それでも最後に言いたいことは、本書の冒頭と全く同じである。田中正造翁が一〇〇年前に一身をなげうって主張した「山を荒らさず　川を荒らさず　村を破らず、人を殺さざる」真の文明へ、一歩でも具体的に近づく努力をしていくこと。それが二一世紀の私たちの道ではないかと、私は考えている。

あとがき

本書の副題「自然との共生をめざして」については、いろいろな解釈があると思う。私は「自然に囲まれた田舎暮らし」を単純にお勧めしているわけではない。今飯舘村で必要とされている若い世代の人々にとっては、そんな夢物語ではない。時に、いじわるで、気まぐれで、怖いことも多い自然を相手に、環境の変化を体で感じて、自分で判断し行動するという感覚を身に着けることは並大抵ではない。私は、それでも現代で最も挑戦し甲斐があり、思考停止に陥らない生活スタイルだと思う。さらにこの「自然との共生」というテーマは、近代文明を見直すという壮大な哲学的課題であり、原発事故とコロナ禍を考察する最大の切り口だと確信する。経済成長と科学技術振興を錦の御旗にする単純な人間が、政治・経済・学術のリーダー格に多い現代社会を、批判的に分析し乗り越える切り口として重要だと思う。

本書は、この一〇年間に私が協働してきた多くの地域住民・会員・支援者・研究者の皆さんの努力の成果である。また、長期にわたる本会の活動を支えてきた菅野宗夫さんはじめ理事・監事・顧問・事務局メンバーの努力の成果である。歴代事務局長は、大永貴規さん、小川唯史さん、二宮克彦さんであり、そして現在プロジェクトマネージャー小原壮二さん、総務庶務マネージャー佐野隆章さん、財務会計・現地マネージャー矢野伊津子さんという体制で日々奮闘が続いている。本書実現と活動の基礎を支えてくれた学生時代以来の盟友山本義隆君，故清水韶光君、そして自由奔放に活動する私を理解してくれている友人たちと親族の人たちに感謝の意をささげたい。

最後に、コロナ禍の最中にオンラインで最終稿まで支えてくれた筑摩書房のちくま新書編集長・松田健さんにお礼を申し上げる。

資料

◆ふくしま再生の会のホームページ　http://www.fukushima-saisei.jp/
◆ふくしま再生の会 FACEBOOK　http://www.facebook.com/FukushimaSaisei
◆ふくしま再生の会 Youtube　http://www.youtube.com/user/fukusimasaisei
◆私の FACEBOOK　https://www.facebook.com/yoichi.tao
◆私のブログ「愚者の声」　http://gusha311.blog55.fc2.com/
◆ふくしま再生の会発行の資料（主要なもの）
「再生短信」バックナンバー（1号〜五〇号）　責任編集　若林一平
パンフレット「飯舘村の放射線・放射能の測り方」　http://www.fukushima-saisei.jp/category/report/2016/8/
1　道路を走りながら測定する／2　家の中と周辺を測定する／3　田んぼを測定する／4　農作物を測定する／5　山林を測定する／6　野生の動植物を測定する／7　放射能を分析する／8　次のステップへのガイド
パンフレット「飯舘村線量マップ　行政区別空間線量推移　二〇一一年一〇月〜二〇二〇年三月」
◆メディアの報道（主要なもの）
朝日新聞「プロメテウスの罠」連載二〇一五年一二月一日〜一七日　清野由希子

ちくま新書
1540

飯舘村からの挑戦
――自然との共生をめざして

二〇二〇年一二月一〇日　第一刷発行

著者　田尾陽一（たお・よういち）

発行者　喜入冬子

発行所　株式会社 筑摩書房
東京都台東区蔵前二-五-三　郵便番号一一一-八七五五
電話番号〇三-五六八七-二六〇一（代表）

装幀者　間村俊一

印刷・製本　三松堂印刷 株式会社

ISBN978-4-480-07363-1 C0236